高瀬正仁

Masahito Takase

数論の
——フェルマからガウスへ
はじまり

数学の泉

日本評論社

「数学の泉」刊行にあたって

　西欧近代の数学の流れを回想するといくつもの泉が目に留まります．曲線と曲面の理論，数の理論，代数方程式論，無限解析もしくは無限小解析，変分法，複素変数関数論，楕円関数論，アーベル関数論等々，みごとな理論が目白押しですが，どの理論にも源泉が存在し，しかもそれらのひとつひとつを一番はじめに発見した特定の人物が実在することは決して忘れられません．数学の泉の発見は数学の創造と同じです．

　あるいはまた数学の泉は数学の種子と同じです．曖昧模糊とした数学的諸事象が次第に明晰さを獲得していくというのではなく，生成し展開していく諸事象の可能性はことごとくみな，最初に発見された1個の種子に凝縮されています．

　泉を造型した人びとの心情に寄り添って，泉の再生を試みることは数学史研究に課せられた課題です．遺された著作に手掛かりを求め，無言の言葉を丹念に聴き取りたいと念願しています．

高瀬正仁

はじめに

　西欧近代の数論史は二つの異質の層が重なって構成されている．第1層はフェルマの数論である．フェルマは古代ギリシアの数論に示唆を得て数の世界を渉猟し，多種多様な現象の観察を続け，多彩な素材を蒐集して数論の泉を造型した．その泉を凝視する者のこころにひときわあざやかな印象を刻むのは，「直角三角形の基本定理」と「フェルマの小定理」である．100年の時の流れののちにオイラーとラグランジュの手にわたり，不定方程式論，素数の形状理論，冪剰余の理論など，いくつものみごとな理論が構築されたのは偉観というほかはない出来事であった．平方剰余相互法則の芽生えも早々に認められ，高次冪剰余の理論へと向う数学的意志さえ，そこには観察されるのである．

　数論史の第2層を形作るのはガウスの数論である．1795年の年初，満17歳のガウスは平方剰余相互法則の第1補充法則を発見し，この体験を機に，長い生涯を通じて数の理論に深く分け入っていった．平方剰余相互法則の発見と証明に続いて3次剰余と4次剰余の理論を相望し，「4次剰余の理論」という表題をもつ連作を公表して次数4の相互法則の姿を明るみに出したときはすでに55歳であった．ガウスは数論に虚数を導入して数域を拡大し，複素指数関数やレムニスケート関数など，周期性をもつ超越関数と数論との連繫に着目した．いずれも数論に新たな曠野を開こうとする斬新な試みであった．

　ガウスが造型した泉から数論の二つの流れが流露した．ひとつの流れは高次冪剰余相互法則の探索に向う道で，ヤコビ，

ディリクレ,アイゼンシュタインを経てクンマーにバトンがわたされて,理想因子(イデアル)の発見に結実した.もうひとつの流れはアーベル方程式の構成問題である.アーベルのアイデアがクロネッカーに継承され,アーベル方程式の概念の発見,楕円関数の等分理論の建設,特異モジュールの数論的属性への着目など,深い神秘感が遍在する世界が開かれていった.100年余ののちに二つの流れは合流し,ヒルベルトと高木貞治により類体の理論が出現した.

　17世紀のはじめから20世紀のはじめにかけて,300年余の数論史はおおよそこのように推移した.その全体像を復元することが,本書と本書の続刊『ガウスの遺産』(「数学の泉」第2巻)のねらいである,まずフェルマの数論のスケッチをめざし,次いでガウスの数論の芽生えを確認する,そののちにガウスの数論がアーベルを経由してクロネッカーへと移り行く情景を観察する.ここまでの叙述が本書の目標である,ガウスの数論が継承者たちの手で生い立っていく様子については次の『ガウスの遺産』に期待したいと思う.

目次 contents

「数学の泉」刊行にあたって　i

はじめに　iii

序章　数論の泉をめぐる　1

第1章　ディオファントスの数論からフェルマの数論へ　13
1　「数の理論」とは何か　14
2　平方数を二つの平方数に分ける　29
3　「フェルマの大定理」と「直角三角形の基本定理」　37

第2章　オイラーによるフェルマの言葉の証明の試み　53
1　「直角三角形の基本定理」の証明に向う　54
2　フェルマの小定理　65
3　多角数に関するフェルマの定理　100

第3章　ラグランジュと不定方程式　109
1　ペルの方程式と不定方程式への道　110
2　オイラーからラグランジュへ　120
3　不定方程式論のはじまり　125
4　素数の形状理論　139
5　素数の形状理論への道　146
6　オイラーによる「直角三角形の基本定理」の証明手順の回想　149

第4章 相互法則の世界 155
1 カール・フリードリッヒ・ガウスと『アリトメチカ研究』 156
2 二つの平方剰余相互法則 171
3 4次剰余相互法則と虚数 179
4 楕円関数論のはじまり 187

第5章 クロネッカーの数論の解明 199
1 回想のクロネッカー 200
2 クロネッカーの数学研究の回想 206
3 特異モジュールの諸相 211
4 特異モジュールと相互法則 230

第6章 アーベル方程式の構成問題への道 239
1 円周の等分に関するガウスの理論 240
2 アーベル方程式の構成問題 255
3 クロネッカーの数論における代数方程式論の位置 277

おわりに 281
参考文献 283
索引 291

序章

数論の泉をめぐる

数論の主題は「数の属性」の探究である．古代ギリシアでは友愛数（親和数），完全数，多角数など，さまざまな特性をもつ数に深い関心が寄せられた．この主題は西欧近代の数論にも継承されたが，新たな潮流もまた発生した．ひとつは不定方程式の組織立った解法理論の建設であり，もうひとつは虚数の導入に伴う数域の拡大という現象である．

　不定方程式論が数論でありうるのはなぜなのであろうか．また，だれが，なんのために，数論の場で数域の拡大を要請したのであろうか．数論の諸相の紹介を重ねながら，これらの問題を考えていきたいと思う．

数の属性に関心を寄せる

　古代ギリシアのディオファントスの著作と伝えられる数論の書物に『アリトメチカ』があり，17世紀のはじめ，ギリシア語の原文とラテン語訳を並列した対訳書が現れた．作成したのはバシェという人で，刊行されたのは1621年である．フェルマはこれを入手し，デイオファントスの叙述に（それに，ときにはバシェの所見に）示唆を得て，広い余白に48個のメモを書き留めた．この小さな「欄外ノート」こそ，数論史を語る際に真っ先に回想されるべき数論の揺籃である．フェルマが「欄外ノート」を書き綴った正確な時期は明らかではないが，1630年代のことであろうと推定される．古代ギリシアの「数の理論」がフェルマという一個人を経由して西欧の近代に再生し，数論の泉が形作られたのである．

　デイオファントスの著作の書名に見られるアリトメチカの一語は「数の理論」を意味するラテン語で，古いギリシア語の $Αριθμητικα$ のラテン文字転写である．古代ギリシアにはディ

オファントスに先立ってユークリッドの『原論』があり，全13個の章のうち，第7，8，9章のテーマはアリトメチカである．アリトメチカの名のもとで語られたのは「数の属性」で，素数の無限性と完全数に関心が寄せられている．完全数というのは，「1と自分自身を除く約数の総和が自分自身に等しい」という属性を所有する数のことである．親和数もしくは友愛数と呼ばれる数の組もあり，ユークリッドよりもなお古い時代の人と伝えられるピタゴラスの教団で重視されていたという．二つの数 a と b が親和数または友愛数と呼ばれるのは，「自分自身を除く a の約数の総和が b に等しく，逆に，自分自身を除く b の約数の総和が a に等しい」という状況が観察される場合である．

ディオファントスもまた数の属性を語った．平方数が頻出するのは直角三角形との連想が働いているためであろうと考えられる．直角をはさむ2辺が自然数であっても，斜辺は必ずしも自然数ではないことをピタゴラスの定理は教えている．そこでディオファントスは数直角三角形，すなわち3辺の長さが自然数で表される直角三角形に深い関心を寄せているのである．多角数もまた図形に関連して認識される数である．平方数は四角数と同じもので，多角数の一種である．親愛数もしくは友愛数，素数，完全数，平方数，多角数．フェルマは，これらの古代ギリシアに現れた多種多様な数の属性のすべてに深い関心を寄せ，継承した．

不定方程式論が数論でありうるのはなぜか

不定方程式論は今日の数論の主要なテーマのひとつに数えられている．典型的な事例としてフェルマの大定理を回想する

と，自然数の冪指数 n を伴う不定方程式

$$x^n + y^n = z^n$$

に直面する．この方程式は $n=1$ および $n=2$ の場合には無数の解をもつが，n が 2 を超えると状勢が一変し，たとえば $x=1, y=0, z=1$ のような自明な解のほかに解をもつことはない．これを主張するのがフェルマの大定理であり，17 世紀の前半期にフェルマが発見し，それから 20 世紀の終りがけにいたるまで，数論に課せられた大きな課題であり続けた．だが，不定方程式論で関心が寄せられているのは別段，数の属性というわけではない．では，不定方程式の解法理論はいかなる意味合いにおいて数論でありうるのであろうか．

この問題を考えていくうえで，ペルの方程式の成立の経緯は有力なヒントを与えている．ペルの方程式というのは，a は与えられた数として，

$$x^2 - ay^2 = 1$$

という形の不定方程式のことである．フェルマはイギリスの数学者たちに宛てて数学の挑戦状を送付したことがある．残されている 2 通の挑戦状のうち，2 通目に見られる問題のひとつでは，ある特定の平方数を見つけることが問われている．それは，前もってある正の非平方数 a が与えられたとして，「a に乗じてさらに 1 を加えると平方数になる」という性質を備えた平方数である．しかもフェルマはそのような無数の平方数を要請した．

フェルマが探索したのはあくまでも a に随伴する無数の平方数 y^2 だったが，オイラーとラグランジュはこれを 2 次不定方程式の問題として把握した．要請される平方数を y^2 とし，

ay^2+1 が平方数 x^2 になるとすると,等式

$$ay^2+1=x^2$$

が成立する.そこで x と y に対等の資格を付与して同時に探索するという構えをとれば,この等式は不定方程式に転化する.オイラーはこれをイギリスの数学者ペルの名にちなんでペルの方程式と命名した.オイラーは勘違いしたようで,フェルマの挑戦を受けて立とうとした人物をペルと見誤ったのである.このように諒解すれば,解けるか否かの鍵をにぎるのは a の属性であることが明確に自覚される.そこでオイラーは a の平方根 $\sqrt{a}$ の連分数展開を作成した.その展開式に現れる数の系列のなかに,x と y の数値が埋め込まれていることに,オイラーは気づいたのである.このアイデアはラグランジュに継承されて完成の域に到達し,不定方程式の解法理論の雛型がこうして形作られることになった.

フェルマが数の世界を渉猟して発見した数々の現象の中には,不定方程式論へと移り行く契機になりうるものがいくつも顔を出している.それらのひとつひとつの観察を通じて,不定方程式論が数論の一区域を占めていく過程を描写したいと思う.それが本書の第1のテーマである(第1,2,3章参照).

ガウスの数論のはじまり

フェルマの数論がディファントスの著作に書き込まれた「欄外ノート」とともに始まったように,ガウスの数論の世界は1801年の著作『アリトメチカ研究』の刊行を端緒として開かれていった.巻頭に配置された長文の序文を見ると,ガウスが数論に心を寄せることになった出来事が回想されている.それ

によると，1795 年の年初，ガウスはたまたまあるすばらしいアリトメチカの真理を発見したという．ガウスはその真理それ自体にもこのうえもない美しさを感じたが，この真理は孤立して存在するのではなく，他のいっそうみごとな真理の数々との関連が感知された．そこで，この真理が依拠する諸原理の洞察をめざし，厳密な証明を手に入れようとして考察を重ねてついに成功をおさめたが，そのころにはこの研究の魅力にすっかりとりつかれてしまっていて，もう立ち去ることはできなかったというのであった．アーベル，ヤコビ，ディリクレ，アイゼンシュタイン，クンマー，クロネッカー，ヒルベルト，高木貞治と継承されて，20 世紀のはじめの類体論の建設へと向う大きな物語の最初の一歩が，泉の造型者自身の言葉で率直に語られたのである．1795 年の年初のガウスは満 17 歳であった．

今日の語法では，ガウスが発見したアリトメチカの真理とは平方剰余相互法則の第 1 補充法則のことにほかならない．ガウスはこれを，奇素数 p を法とする 2 次合同式

$$x^2 \equiv -1 \ (\mathrm{mod}.p)$$

の可解条件として述べた．この合同式が解をもつのは p が $4n+1$ 型の場合に限定されることを，ガウスは発見したのである．では，このような形の 2 次合同式の可解性を明らかにすることは，いかなる意味において数論でありうるのであろうか．数論とは何かという問い掛けがここにも表れている．

ガウスは平方剰余相互法則の本体と第 2 補充法則も発見し，しかも証明に成功した．ガウスが心身をゆだねているのは平方剰余の理論の世界である．奇素数 p と p で割り切れない数 a に対し，2 次合同式

$$x^2 \equiv a \pmod{p}$$

が解をもつなら，a を p の平方剰余と呼び，この状況を aRp と表示する．他方，解をもたなければ a を p の平方非剰余と呼び，aNp と表示する．これがガウスの語法である．これに対し，ルジャンドル記号を借用して，

a が p の平方剰余なら $\left(\dfrac{a}{p}\right) = +1$

a が p の平方非剰余なら $\left(\dfrac{a}{p}\right) = -1$

と規定するのが今日の語法である．この記号を用いると，奇素数 p に対し，平方剰余相互法則の第 1 補充法則は

$$\left(\frac{-1}{p}\right) = (-1)^{\frac{p-1}{2}}$$

と表示され，第 2 補充法則は

$$\left(\frac{2}{p}\right) = (-1)^{\frac{p^2-1}{8}}$$

と表示される．-1 は有理整数域における単数であり，2 は平方剰余，すなわち 2 次剰余の 2 である．-1 と 2 については個別の対処が要請されるが，いずれにしても平方剰余の理論における出来事である．

異なる二つの奇素数 p, q が与えられた場合には，二つのルジャンドル記号 $\left(\dfrac{q}{p}\right), \left(\dfrac{p}{q}\right)$ が同時に定められるが，これらは無関係ではなく，等式

$$\left(\frac{q}{p}\right)\left(\frac{p}{q}\right) = (-1)^{\frac{p-1}{2}\frac{q-1}{2}}$$

で表される相互関係が認められる．これが平方剰余相互法則である．ガウス自身の呼び名は平方剰余の理論における基本定理であり，相互法則の一語はここには見られない．

数域の拡大に向う

　平方剰余相互法則の第1補充法則だけでは，平方剰余の理論が数論でありうる理由は必ずしも判然としないが，平方剰余相互法則の本体を見ると，まったく新しい数論の誕生に立ち会ったという強い思いに誘われる．そこに語られているのは個々の数の属性ではなく，異なる二つの奇素数の間に認められるある種の相互依存関係だからである．ガウスは新たな数論の泉を発見したのである．

　有理整数域において語られているところはガウス以前の数論と同じである．だが，ガウスは次数2をこえて高次冪剰余の理論に向う数学的意志を明らかにし，実際に3次剰余の理論と4次剰余の理論の建設に向って歩を進めていった．それぞれの次数の冪剰余の理論の場において，基本定理の名に値する法則の存在を確信し，発見をめざしたのである．この創意に富む試みは長い探究の歳月ののちに結実し，「4次剰余の理論」という論文において基本定理の発見が報告された．今日の語法では4次相互法則と呼ばれている．

　ガウスがめざしたのは，「4次剰余の理論の基本定理」の名のもとで，4次の相互法則を発見し，証明することであった．平方剰余相互法則の場合には法則の形が早期に見出だされ，証明の探索が試みられたが，4次剰余相互法則の場合には法則の姿が見えなかった．あるやなしやという茫漠とした状勢がいつまでも継続する日々にあって，ガウスの手中にあるのはただ存在に寄せる強固な確信のみであった．はたしてガウスの確信は結実し，長い探索ののちに発見にいたり，2篇の論文において詳細に叙述されることになった．長い思索が打ち続く中で，ガウスは深刻な決断を迫られたことがある．それは数論に虚数を

導入するという一事である．有理整数域に身を置いて探索すると，法則めいた諸事実はいくつも見つかるが，ガウスの満足するところとはならなかった．ガウスの意にかなう形で 4 次の相互法則が姿を現すためには，数域を拡大し，複素整数，すなわち a,b は有理整数として $a+b\sqrt{-1}$ という形の複素数の作る数域において探索しなければならない．ガウスはこれを実行した．ガウスが提案した呼び名は複素整数だが，今日の語法ではガウス整数という呼称が定着している．もとよりガウスにちなんでのことである．

数論に虚数を導入することをめぐって，ガウスは論文「4 次剰余の理論」や《数学日記》においていくつもの言葉を書き遺している．この一事に踏み切るまでには，ガウスにしても多大の決意を要したのであり，それらのひとつひとつにガウスの心情が映されている．それらを採集して紹介することは本書の第 2 のテーマである（第 4 章参照）．

超越関数と代数方程式論の役割

数論におけるガウスの営為には，虚数の導入とともに，曠野を開こうとするもうひとつの契機が認められる．それはある種の特定の代数方程式の根への着目という一事である．フェルマの数論は数論の場への不定方程式の参入を誘ったが，ガウスの数論は代数方程式との連繋を深めていくことになった．しかもそれらの代数方程式は指数関数と楕円関数の等分方程式という形でもたらされるのである．

指数関数と楕円関数は，変数の変域が拡大されて，複素数域において考えられている．指数関数の等分方程式とは円周等分方程式のことであり，代数的に可解であることをガウスは明ら

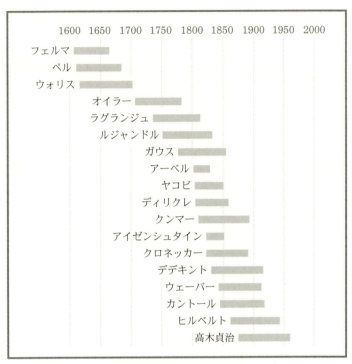

本書に登場するおもな数学者の年表

かにした．アーベルはそこから巡回方程式とアーベル方程式の概念を取り出した．アーベル方程式は，ガウスの数論が継承されていく過程において，クンマーが提案したイデアルの概念とともにもっとも重い役割を担うことになった基本概念である．

では，指数関数や楕円関数の等分方程式の考察は，いかなる意味において数論でありうるのであろうか．この大きな問いに全面的に答えるにはガウス以降の100年余の数論史を回想しなければならないが，ひとまずアーベルからクロネッカーへと

継承された代数方程式論に焦点をあて，アーベル方程式の構成問題の発生と楕円関数の特異モジュールの認識のはじまりの情景を描写したいと思う．それが本書の第3のテーマである（第5, 6章）．

第1章
ディオファントスの数論から
フェルマの数論へ

1 ── 「数の理論」とは何か

数論とルジャンドル

　西欧近代の数学史を俯瞰して一段とめざましい印象を受けるのは，微積分と数論の創造という出来事である．理論の姿の雄大なことといい，携わった人々のひとりひとりの人生のおもしろさといい，この二つの理論の形成史の魅力は深く，幾度繰り返して語り続けても豊潤な魅力の泉が尽きることはない．

　数論史に着目すると，真っ先に目に留まり，眼前に大きく広がるのはフェルマとガウスという二つの泉である．そこで，まずフェルマに立ち返り，フェルマの数論を回想してみたいと思う．フェルマの数論はフェルマに端を発し，オイラーの手にわたり，ラグランジュへと継承され，最後にルジャンドルが

> 『数の理論のエッセイ (Essai sur la théorie des nombres)』（1798 年）

という著作により集大成を試みた．フェルマの数論を回想するうえで恰好の手掛かりとなるのは，このルジャンドルの作品である．

　アドリアン=マリ・ルジャンドルはフランスの数学者で，生誕日は 1752 年 9 月 18 日．『数の理論のエッセイ』の初版が刊行されたのは 1798 年であり，この時点でルジャンドルはすでに 46 歳である．10 年後の 1808 年，56 歳のとき第 2 版が刊行された．第 2 版はそれ自体が大きく変遷し，1816 年と 1825 年の 2 度にわたって補記が書き加えられた．1830 年，78 歳のルジャンドルは第 3 版を刊行し，3 年後の 1833 年 1 月 10 日にパリで亡くなった．こうして 1 冊の著作の変遷を観察すると，

長い生涯を通じて数論に関心を寄せ続けたルジャンドルの心情が透けて見えるような思いがする．

『数の理論のエッセイ』の初版の刊行に先立って，ルジャンドルは 1785 年に「不定解析研究」という 95 頁の論文を公表した．「不定解析」の原語は analyse indéterminée である．この時点で 33 歳であり，ルジャンドルの数論研究は相当に早い時期から始まっていると見てよいと思う．若い日から最晩年にいたるまで，数論は生涯の課題であり続けたのである．

数論はルジャンドルにとってどのような数学だったのであろうか．このあたりの考察に糸口を求めて，数論史の森に分け入ってみたい．

不定解析と数論

ルジャンドルの論文のタイトルに見られる「不定解析」の一語は，今日の語法では不定方程式論に該当する．不定方程式は解をもつこともあればもたないこともあり，解が存在するとしても，有限個の場合もあれば無限個のこともある．このような現象は代数方程式の解法の場では決して見られない．2 次方程式であれば，複素数の範囲内で根を探索すると，きっかり 2 個の根が見つかる（2 重根の場合もあるが，その場合には根の個数を 2 個と数える）．3 次方程式なら 3 個，4 次方程式なら 4 個，一般に n 次方程式なら n 個の根が存在する（k 重根の根の個数は k 個と考える）というふうに続いていく．「代数学の基本定理」として知られる命題により支えられている現象である．

ルジャンドルは不定解析の名のもとに数論を研究した．そこで大きな問題になるのは，不定方程式の解法理論が数論であ

りうるのはなぜかという素朴な疑問である．ルジャンドルの1785年の論文「不定解析研究」は完成した作品というわけではなく，ここでスケッチされたあれこれの事柄が大きく拡大されて，後年の1798年の大きな作品『数の理論のエッセイ』が成立した．この書物は本文だけを数えても472頁に及ぶ．巻末には56頁にわたって12個の「表」が附され，これに加えて序文が6頁，目次が12頁，誤植訂正が2頁というありさまで，総計548頁である．しかもルジャンドルには完成した作品を書き上げたという自覚は伴っていなかった模様である．表題に見られる「エッセイ（試作）」の一語には改訂版の出現が含意されているかのようであり，実際に第2版，第2版の二つの補記，第3版と，長期にわたって完成度を高める努力が重ねられたのである．では，**不定方程式を解くことがなぜ「数の理論」でありうるのであろうか．**

完全数と素数

「数の理論」という言葉を数に関する理論の総称と諒解すると，たとえば**完全数**，すなわち「自分自身とは異なる約数の総和が自分自身に等しいという性質をもつ数」に寄せる関心などであれば，数の理論という言葉がぴったりあてはまりそうである．ある特定の個性をもつ数に関心が寄せられているからである．あるいはまた，素数というものに引きつけられる心の姿にも数の理論の反映が感知される．素数の個数を数え上げようとして，「無限に多くの素数が存在する」という認識に到達する光景は数の理論の名にいかにも相応しい．

完全数への関心も素数の無限性の認識も，古代ギリシアのユークリッドの『原論』にすでに現れている．完全数というの

はユークリッドの『原論』に出ている古い言葉で,『原論』,第9巻,命題36にはおもしろい完全数が紹介されている.次に引くのは『ユークリッド原論』(共立出版)からの引用である.

> もし単位から始まり順次に1対2の比をなす任意個の数が定められ,それらの総和が素数になるようにされ,そして全体が最後の数にかけられてある数をつくるならば,その数は完全数であろう.(『ユークリッド原論』,225頁)

この命題で主張されている事柄を今日の数式を援用して書き表すと,

> n は任意の数として和 $S_n = 1 + 2 + 2^2 + \cdots + 2^{n-1}$ を作るとき,もしこれが素数であれば,積 $S_n \times 2^{n-1}$ は完全数である.

という命題が現れる.実際,S_n が素数の場合,積 $S_n \times 2^{n-1}$ の自分自身以外の約数をすべて書き下すと,

$$1, 2, 2^2, \cdots, 2^{n-1}; S_n, 2 \times S_n, 2^2 \times S_n, \cdots, 2^{n-2} \times S_n$$

となる.これらの約数の総和を算出するために,$S_n = 2^n - 1$ に注意して計算を進めると

$$2^n - 1 + (2^{n-1} - 1) \times S_n = S_n \times 2^{n-1}$$

となるから,積 $S_n \times 2^{n-1}$ は確かに完全数であることが諒解される.

素数の無限性は『原論』第9巻,命題20において,

> 素数の個数はいかなる定められた素数の個数よりも多い.(同上,218頁)

と,明快に表明されている.

記数法と代数学をめぐって

　完全数や素数に寄せる関心とは別に，不定方程式論の淵源ということを考えようとすると，そのつど回想されるのはディオファントスの著作と伝えられる『アリトメチカ』（3 世紀の作品と推定される）という書物である．ユークリッドの『原論』と同じく全 13 巻で編成され，そのうち 6 巻のみが残存して西欧に伝えられて，フェルマの時代にラテン語に翻訳された．書名のアリトメチカ（arithmetica）はギリシア語の $αριθμητικά$ のラテン語による表記である．ユークリッドの『原論』の第 7，8，9 巻のテーマもまた数論で，ディオファントスの著作の書名に見られるアリトメチカと同じである．だが，テーマは異なっている．ユークリッドが「数の個性」を探究しようとしているのに対し，ディオファントスは不定方程式の解法をめざしているように見える．そのためにディオファントスはしばしば今日の不定方程式論の淵源として語られるのである．

　不定方程式とディオファントス方程式は同じものの異称であり，不定解析とディオファントス解析，不定問題とディオファントス問題もまた同一である．古代ギリシアのディオファントスは数々の不定問題を提示して 1 冊の書物を編成し，その作品にアリトメチカ，すなわち「数の理論」という表題をつけた．西欧の近代を生きたルジャンドルもまた不定解析の名のもとに数の理論を探究し，「数の理論」という表題の著作を刊行した．大きな時空の隔たりにもかかわらず，ルジャンドルはさながらディオファントスの再来であるかのようである．

　完全数や素数の考察と不定方程式論は古代ギリシアに現れた二つの数論である．大きく様相を異にしているにもかかわらず，等しく数論の屋根に覆われるのはなぜなのであろうか．

ルジャンドルの生い立ちはよくわからないことが多く，ルジャンドル自身もまた自分のことをあまり語ろうとしなかったようで，書き留めておくべきことがほとんど見あたらない．生誕日と没年日は判明しているが，生地については，パリで生れたという通説（科学アカデミーの記録）とともに，一説に実はトゥールーズ（フランス南西部の都市）なのではないかともいう．トゥールーズならフェルマと同郷である．両親の名前もわからない．パリで生れたのか，あるいはトゥールーズから家族とともにパリに移ってきたのか，いずれにしてもパリで成長したのは確かである．

　次に引くのは『数の理論のエッセイ』の初版に附せられた序文の冒頭である．ルジャンドルは記数法の変遷を話題にして，それからアレクサンドリアのディオファントスの名前を挙げた．

> われわれの手元に遺されているさまざまな断片——それらの断片の若干はユークリッドに収録されている——から判断すると，古い時代の思索者たちは数の諸性質をめぐって相当に広範囲にわたる研究を行っていたように思われる．しかし彼らにはこの学問を深く研究するのに必要な二つの手立て，すなわち，記数法と代数学が欠けていた．記数法は数の表示を著しく簡易化するうえで有効に用いられる．また，代数学は諸結果を一般化する働きを示すし，しかも既知数にも未知数にも同等に適用することができるのである．それゆえ，これらの技術の発明はいずれも，数の学問の進歩に大きな影響を及ぼしたにちがいない．そうしてさらに，代数学の最古の創始者として知られるアレクサンドリアのディオファントスの作品は一筋に数に捧げられてい

ること,および,その著作には,きわめて巧妙かつ明敏な仕方で解決されている数々の難問がおさめられていることもよく知られているところである.(『数の理論のエッセイ』,v頁)

この書き出しの言葉を一瞥しただけでもすでに,いくつもの語るべき事柄に遭遇する.「古い時代の思索者たち」というのは古代ギリシアの数学者たちのことで,彼らはすでに数の諸性質への関心を示していて,思索の成果はユークリッドの『原論』に収録されていると明記されている.『原論』の第7, 8, 9巻を指し示す言葉である.古代ギリシアにも数論は存在していたとはいうものの,ルジャンドルの目には特筆に値するとは映じなかった模様である.しかもその原因は何かといえば,記数法と代数学が欠如していたためというのである.ルジャンドルの所見を受け入れるなら,数学の進歩において記数法の発明と代数学の創造が重い意味を担うことになるが,代数学についてはディオファントスの名が挙げられた.ディオファントスこそ,代数学の創始者であるとルジャンドルはいうのである.

ディオファントスとは

ルジャンドルの言葉が続く.

> ディオファントスのころからヴィエトの時代にいたるまでの間,数学者たちは数の研究を継続したとはいうものの,さほどの成功が得られたわけではないし,この学問が著しい進展を見たということもなかった.
>
> ヴィエトは新たに代数学の完成度を高めて,数に関するいくつもの困難な問題を解決した.バシェは『数の織り成す

おもしろくて楽しいいろいろな問題』と題する著作の中で，一次不定方程式を一般的で，しかも非常に巧妙な方法を用いて解いた．ディオファントスに寄せるひとつのすぐれた註解は，この深い学識をもつ人物のたまものである．
　その後，このバシェの註解はフェルマの「欄外ノート」により，いっそう豊かなものになった．（同上）

　ディオファントス，ヴィエト，バシェという3人の人物の名前がここに登場する．ディオファントスの生涯はほとんど知られていないが，「ヒースのギリシア数学史」こと，ヒース『復刻版 ギリシア数学史』（共立出版）によると，アレクサンドリアで活躍したことと，その時期は紀元3世紀であろうということはおおむね諒解されている模様である．また，『ギリシア詞華集』の中にひとつの風刺詩（第14巻，問題126）があり，そこにディオファントスの名が登場する．その風刺詩というのは，

　　ディオファントスは一生の6分の1を少年時代としてすごし，ひげは一生の12分の1より後にのび，さらに7分の1がすぎた後に結婚した．結婚して5年後に息子が生れた．その息子は父の2分の1の長さの人生を生き，父は息子の死の4年後に亡くなった．

というのである．そこでディオファントスの年齢を x として方程式を立てると，

$$\frac{1}{6}x + \frac{1}{12}x + \frac{1}{7}x + 5 + \frac{1}{2}x + 4 = x$$

という1次方程式が成立する．これを解くと $x = 84$．これでディオファントスは84歳の人生を生きたことがわかる．このディオファントスは，ルジャンドルが語った古代の数学者と同

一人物であろうと見られるが,どの程度の信憑性があるのか,これ以上のことはわからない.

ヴィエトの時代

　フランソア・ヴィエトは数学の記号法に創意を示した人で,「代数学の父」と呼ばれることもある.ルジャンドルの評価も高く,「ヴィエトは新たに代数学の完成度を高めた」という所見を書き留めている.生地はフランスのポアトゥーのフォントネー゠ル゠コント(フランス西部の町).生年は 1540 年.何月何日なのかまではわからない.没年は 1603 年で,12 月 13 日にパリで亡くなった.1591 年,51 歳のとき,

　　『解析技法入門 (In Artem Analyticen Isagoge)』

という代数の著作を出版した.Isagoge は古いギリシア語の $E\iota\sigma\alpha\gamma\omega\gamma\acute{\eta}$(エイサゴーゲー)のラテン文字表記で,「手引き」という意味である.使用例を挙げると,古代ギリシアの哲学者ポルピュリオスの著作に $E\iota\sigma\alpha\gamma\omega\gamma\acute{\eta}$(エイサゴーゲー)があり,その内容はアリストテレスの『カテゴリー論(範疇論)』への『手引き』である.

『バシェのディオファントス』

　ヴィエトの次はバシェを語る番である.バシェのフルネームはクロード゠ガスパール・バシェ・ド・メジリアックで,「メジリアックのバシェ」と呼ばれることがある.1581 年 10 月 9 日,フランスのブール゠ガン゠ブレス(フランス東部の都市)に生れ,1638 年 2 月 26 日に生地と同じブール゠ガン゠ブレスで亡くなった.

　ルジャンドルが伝えているように,バシェには

『数の織り成すおもしろくて楽しいいろいろな問題（Problèmes plaisants et délectables qui se font par les nombres）』

という著作がある．刊行されたのは 1621 年で，書名の通り，数学パズルが集められている本だが，そこに見られる問題の中に 1 次不定方程式の解法に帰着されるものがある．一例を挙げると，次のような問題がある．

> A さんがある数を選んだ．その数は 60 より小さいとして，それを 3, 4, 5 で割るときの余りの各々を別の B さんに告げた．このとき，B さんは，A さんに告げられた数を言い当てることができるであろうか．

これを解くために A さんが選んだ数を x とし，x を 3, 4, 5 で割るときの余りは，たとえばそれぞれ 2, 3, 2 としてみよう．すると，x は $x = 3m + 2 = 4n + 3 = 5k + 2$ という形に表されるから，この連立方程式を満たす 3 個の数 m, n, k を求めればよい．これはすぐに解けて，一般解は $x = 60\alpha - 13$（α は任意の整数）という形であることが判明する．しかも x は 60 より小さいというのであるから，該当するのは $\alpha = 1$ の場合だけで，$x = 47$ という数が求められる．

この問題のように，バシェの著作に 1 次不定方程式の解法に帰着される問題が多いのはまちがいなく，その点に着目して「バシェは 1 次不定方程式の解き方を示した」と指摘するのはそれはそれで正しいであろう．だが，バシェが提示したのはあくまでも「数にテーマを求めたおもしろくて楽しい諸問題」なのであり，別段，1 次不定方程式の解法を正面から打ち出した

わけではなく，そもそも不定方程式という考えもバシェにはなかったのではあるまいか．数の面白さを追求するという姿勢であれば，ユークリッド『原論』における数論の心に通じている．

バシェの数学パズル集は息長く読まれ続けたようで，1959年には第 5 版が出ているほどである．だが，それはそれとして西欧近代の数学の形成という視点に立てば，バシェの最大の寄与はディオファントスの『アリトメチカ』のラテン語訳を刊行したことに認められる．正確にはギリシア語とラテン語の対訳本であり，同じ頁が左右に分けられて左側にギリシア語の原文が配置され，そのラテン語訳が右側に配置されている．翻訳のほかに，バシェ自身もまたときおり註釈を附した．実際の書名は非常に長く，そのまま訳出すると，

> 『いまはじめてギリシア語とラテン語で刊行され，そのうえ完璧な注釈をもって解明されたアレクサンドリアのディオファントスのアリトメチカ 6 巻，および多角数に関する 1 巻 (Diophanti Alexandrini Arithmeticorum libri sex, et de numeris multangulis liber unus, nunc primum graece et latine editi, atque absolutissimis commentariis illustrati)』

となるが，これを見ると，ディオファントスには『アリトメチカ』のほかにもうひとつ，多角数に関する著作があることがわかる．

実際に実物を眺めると，なかなか複雑な構成をもった書物である．巻頭に表紙と白紙も込めて頁番号のついていない頁が 13 頁にわたって配置され，それから頁番号が振られた記事が出て，32 頁まで続く．その次にようやく『アリトメチカ』の対訳が登場し，この書物の骨格を作るだけに 451 頁にも及び，

『バシェのディオファントス』の表紙

頁番号は新たに第1頁から始まっている．それからなお続きがあり，多角数に関する著作の対訳が 58 頁を占める．この部分の頁番号も独自である．1621 年に刊行された．

代数学の歴史を「フェルマの数論を語る」という視点から見ると，フェルマが『バシェのディオファントス』を読んで，欄外の広い余白に 48 個の書き込みを残したという事実が重い意味を帯びている．『バシェのディオファントス』が刊行されたのは 1621 年．フェルマがこれを入手して「欄外ノート」を書き残した時期は，正確な日時を特定することはできないが，1630 年代の後半と推定される．

数論の系譜をたどる

ルジャンドルは数論の歴史を回想し，ヴィエトとバシェの名を挙げてディオファントスに言及したが，デカルトのことは語らない．デカルトに先立って，16世紀のイタリアにイタリア学派が出現し，シピオーネ・デル・フェッロ，タルタリア，フェラリの手で3次と4次の代数方程式の解き方が明るみに出されている．ルジャンドルはこの系譜にも言及しない．数論を不定解析そのものと見ようとするルジャンドルの目には，デカルトの代数学やイタリア学派の代数方程式論は数論とは無縁に見えたのであろう．

ヴィエトの代数学と数論の関係が気に掛かるが，ヴィエトにはディオファントスの影響が大きく及んでいたようである．中村幸四郎の著作『数学史 形成の立場から』を参照すると，ディオファントスの『アリトメチカ』を西欧近代の言語に翻訳する試みはバシェ以前にもいろいろなされていたことが語られて，ボンベリのイタリア語訳（1572年），クシランダーのラテン語訳とドイツ語訳（1575年），ステヴィンのフランス語訳（1585年）などが挙げられている．ヴィエトはこれらの著作を通じてディオファントスを知っていた模様である．当時のパリにはディオファントスの著作の写本も存在していたということであるから，ギリシア語の原典にあたることも可能だったのであろう．

中村幸四郎のもうひとつの著作『近世数学の歴史 微積分の形成をめぐって』には，「ヴィエタ代数はディオファントスの数論に啓発されて，ヴィエタの独創によってできたものということができましょう」という言葉に出会う（中村は「ヴィエタ」と表記している．「ディオファントスの数論」はディオファ

ントスの著作『アリトメチカ』のこと)．中村は続いてヴィエトの代数方程式論を紹介し，その内容とディオファントスの『アリトメチカ』とは「かなり密接な対応をつけることができます」と指摘し，そのうえでさらに「しかしディオファントスの第4巻の不定方程式に対応するものは，ヴィエタでは取り上げられておりません」と言い添えた．ディオファントスには代数と不定解析の両面が備わっていて，ヴィエトは代数のほうに触発されたのだと中村は言いたいのであろう．

これも中村の著作からの引用だが，ボンベリの著作に『代数学 ($L'Algebra$)』(1572年) があり，その序文に，

> … 以前に，ヴァティカンの図書館において，代数学に関連して，アレクサンドリヤのディオファントスという人によって著わされたギリシア語の文献が再発見された．ローマの数学講師アントニオ・マリヤ・パッツィ氏が私にそれを見せた．私はこの著者は数についてすぐれていると判断した (無理数論において，また演算の完全性において多少の問題はあるが)．このような大切な著作は世界を豊かにするという考えをもって，我々は，しかし二人とも多忙なので6巻あるうちの5巻を翻訳した．… (『近世数学の歴史』，20頁)

と書かれているという．ボンベリが着目するまで，西欧近代の数学はディオファントスに関心を寄せなかったというのである．それなら3世紀のアレクサンドリアに生きたと伝えられるディオファントスの著作がどうしてヨーロッパで発見されたのかといえば，1453年に起きた「コンスタンティノープルの陥落」という大事件の影響が考えられそうである．その10年後

の1463年には，ドイツのレギオモンタヌスがディオファントスの『アリトメチカ』を発見したことを報告し，ラテン語への翻訳さえ企画した．それからボンベリが再発見するまで，実に100年という歳月を要したのである．

　代数学の歴史というと古くはバビロニアあたりから説き起こされることがあり，そこからエジプトを一瞥してギリシアへと向う．ギリシアの代数を代表するのはディオファントスであり，続いてアラビアの消息が語られて，それらの数学の全体が西欧近代の数学形成にどのように影響を及ぼしたのかというふうに話が進んでいく．そこでギリシアとアラビアの影響の様相の観察が大きな課題になるが，隅々まで明瞭になっているかというとそうとも言えない．たとえば，西欧近代の数学の黎明期の成功例として，カルダノ，シピオーネ・デル・フェッロ，タルタリア，フェラリによる16世紀のイタリアの代数方程式論が挙げられるが，ここにディオファントスへの言及が見られないのはなぜなのであろうか．ヴィエトにはディオファントスの影響が認められるとしても，デカルトもまたディオファントスを語らないのである．

　代数と数論は似ているところはもちろんあるが，関心の向う先が異なっている以上，もとより同一視することはできない．2次，3次，4次の代数方程式を解くのは代数学のテーマであり，数論とは言えないが，他方，不定方程式の解法は数論の範疇に入ると認識されている．ルジャンドルはディオファントス，ヴィエト，バシェと続く「ディオファントスの系譜」をたどりながら，イタリア学派やデカルトの名を挙げなかった．どこまでも不定解析の流れを強調しようとしたのであろう．

2 ── 平方数を二つの平方数に分ける

ピエール・ド・フェルマ

　フェルマの生地はフランスのボーモン゠ド゠ロマーニュ（フランス南西部の村）である．生誕日は 1601 年 8 月 17 日とするのが長い間の通説であった．ところが 2001 年，ドイツのカッセル大学のクラウス・バーナーという人が，フェルマの真の生誕日は 1607 年の年末もしくは 1608 年の年初ではないかという新説を提示した．フェルマの子供のサミュエルによる墓碑銘というのがあり，そこには「1665 年 1 月 12 日，57 歳で亡くなった」と刻まれているとのことで，この説を採ると生誕日は 1607 年か 1608 年あたりになる．墓碑銘の記事であるから信憑性も高そうであり，そのため従来から通説に対して疑問の声がなかったわけではない．他方，洗礼を受けた日が 1601 年 8 月 20 日と記録されていることでもあり，これはこれで疑いをはさむ余地はなさそうである．

　ところがバーナーの調査によると，1601 年 8 月 17 日に生れたフェルマ家の子供は確かに存在するが，名前は（Pierre ではなく）Piere（ピエール．r が一個）で，しかも生後まもなく亡くなったという．その後，1607 年に生れた子供に同じ Pierre（ピエール．r が 2 個）という名前をつけた．この二人目のピエールが数学者のピエールである．二人のピエールの父はドミニクという人である．最初のピエールの母はフランソワズ・カゼヌーヴという人で，ピエールも母も早く亡くなった．それでドミニクはクレールドロングという人と再婚し，二人目のピエールが生れた．洗礼の記録が欠けているため，生誕日は特定できないが，バーナーの調査はさらに続き，1607 年 10 月 31

日から12月6日までの間に絞り込まれることになった．この調査結果が正しいなら，実に400年にわたって流布していた通説が覆されたのである．

平方数を二つの平方数に分ける

16世紀のイタリア学派には不定解析の姿は感知されず，デカルトについても同様である．方程式を解くという観点からすると定解析（代数方程式の解を探索すること）も不定解析（不定方程式の解を探索すること）も等しく方程式論の範疇におさまりそうに思えるが，定解析は数論とは無縁であり，不定解析のほうは今日では数論そのものと見られている．だが，数論というのはもともと「数の理論」であった．古代ギリシアの完全数のような特殊な数に関心を寄せるのは，「ある特定の性質を備えた数」の性質に心を惹かれたのである．「素数は有限個ではありえない」という事実認識もまた，素数という特定の性質を備えた数そのものへの関心の現れの一形態である．素数については，あらゆる数を組み立てるのに用いられる基本要素であるところに，際立った性質が感知されたのであろう．

どのような数も，その約数でどこまでも割っていくと，まもなく限界に行き当たり，これ以上はもういかなる数でも割り切れないという状況に遭遇する．この簡明な現象を観察すると，素数というものの概念におのずと出会い，しかもこのプロセスを逆向きにたどると，どのような数もいくつかの素数を用いて組み立てられているのではないかという認識に到達しそうである．この想定を敷衍すれば，後年，ガウスが

『アリトメチカ研究（Disquisitiones Arithmeticae）』（1801年）

において証明に成功した「素因数分解の一意性」の認識に結実する．

それなら古代ギリシアの数学的世界において，素数というものにどうして視点が注がれたのだろうという疑問が生じるが，ここまで追い詰めていくと，連想されるのは古代ギリシアに特有の自然哲学である．万物は何からできているのだろうと思索する姿勢は，数の世界では，ありとあらゆる数を構成する数，数の世界における基本元素のような役割を担う数はどのような性質を備えているのだろうと問う姿勢に，まっすぐに通じている．物理的自然観と数学的自然観の双幅がここに打ち建てられた．素数に着目するということ，それ自体がすでにひとつの特異な数学的現象である．

完全数と素数に着目するのはいかにも「数の理論」の名に相応しい．数の個性に関心を寄せるのが数論のはじまりであり，完全数と素数はその要請に明確に応えている．これに対し，不定方程式を解くことを数論の名で呼ぶのはいかにも不可解であり，大きな違和感に襲われる．不定方程式を解くという場合，解は自然数や整数，せいぜい分数の範囲で探索されるのが通常の流儀である（だれが決めたのであろうか）．だが，方程式の根の探索は数の個性の探究とは無縁であり，そのために数の理論と呼ぶのがためらわれるのである．

ディオファントスの『アリトメチカ』から一例を拾うと，第2巻の問題8は「ある提示された平方数を二つの平方数に分けること」というもので，例として平方数16が挙げられた．ディオファントスは工夫を重ねて，

$$16 = \left(\frac{16}{5}\right)^2 + \left(\frac{12}{5}\right)^2$$

という等式を示し，16を二つの分数の平方数に分けた．このような問題をアリトメチカの問題と見ていることになるが，「分数の作る数域において二つの平方数の和に分けられる」というのは，16 という平方数の性質であるから，これを数論と呼ぶのに問題はなさそうである．

他方，この問題は，不定方程式 $16 = x^2 + y^2$ を解くという問題と同じといえば同じである．同じというのは論理的な視点から見れば同等の作業が要請されるということであり，実際に

$$x = \frac{16}{5}, \qquad y = \frac{12}{5}$$

という解が存在する．だが，このように不定方程式の問題と理解すると，もはや「数の理論」とは言えないのではないかという不安もまた禁じえないのである．

ディオファントスは 16 を二つの平方分数の和の形に表示する例をひとつだけ示したが，その根底にあるのは $5^2 = 4^2 + 3^2$ という簡単な等式である．両辺を 5^2 で割ると，

$$1 = \left(\frac{4}{5}\right)^2 + \left(\frac{3}{5}\right)^2$$

という等式が得られるが，これを基礎にすれば，どのような平方数 a^2 も

$$a^2 = \left(\frac{4a}{5}\right)^2 + \left(\frac{3a}{5}\right)^2$$

というふうに，二つの平方数の和の形に表されることが即座に判明する（$a = 4$ と取ればディオファントスの例になる）．これを言い換えると，どのような数 a（単に数といえば自然数である）も（直角をはさむ 2 辺の長さは有理数でもよいとすれば）ある直角三角形の斜辺でありうるということにほかならない．

三つの数 $3, 4, 5$ の間に成立する関係 $5^2 = 4^2 + 3^2$ は直角三角形の 3 辺の間に認められる関係で，ピタゴラスの定理，三平方の定理など，さまざまな名を負う命題にほかならない．3 と 4 が直角をはさむ 2 辺の長さ，5 が斜辺の長さである．

知らない人のない名高い関係だが，ピタゴラスの定理から出発するのではなく，逆に，どのような数もある直角三角形の斜辺でありうることを洞察し，そのような直角三角形の導き方を明示したところにディオファントスの工夫が認められる．ディオファントスの言葉に沿って議論を進めると，16 を二つの平方数の和の形に表したいのであるから，16 から何らかの平方数 $Q = N^2$ を引いて得られる数 $16 - Q$ もまた平方数であってほしい．その平方数として，たとえば $2N - 4$ の平方 $(2N - 4)^2$ を採用せよというのがディオファントスの指示である．これを遂行すると，等式

$16 - Q = (2N - 4)^2$, すなわち $16 - N^2 = 4N^2 - 16N + 16$

が得られる．平方式 $(2N - 4)^2$ が正確に展開されて，$4N^2 - 16N + 16$ と等値されているところが際立っている．代数の計算のアルゴリズムが自覚されているのである．

次に，この等式の左右両辺の同一の数 16 が相殺されるところがひとつのポイントで，その結果，上記の等式は

$$-N^2 = 4N^2 - 16N$$

という形になる．ここのところをディオファントスは「（左右両辺の）類似する項を相互に差し引く」と言い表しているが，この計算もまた代数のアルゴリズムに沿っている．ここからさらに歩を進め，「双方に（すなわち，左右両辺に）共通の負数を加えよ」とディオファントスの指示が続く．左右両辺に共通

の負数というのは $-N^2$ と $-16N$ のことであるから,これはつまり両辺に N^2 と $16N$ を加えよということにほかならない.この指示もまた代数計算のアルゴリズムである.これを実行すると,等式 $5N^2 = 16N$ が得られる.これで N の値が $N = \dfrac{16}{5}$ と求められ,対応して Q の値 $Q = \left(\dfrac{16}{5}\right)^2$ と $(2N-4)^2 = \left(\dfrac{12}{5}\right)^2$ もまた算出される.

この手順を回想すると,「つねに等号の成立を維持する」という一定のアルゴリズムが自覚されていて,それだけが守られて自由に式変形がすすめられている様子が諒解される.ディオファントスが「代数学の父」と呼ばれることがあるのはこのあたりの消息を指しているのであろう.だが,式変形だけで答が出るわけではなく,アイデアもまた必要である.上記の計算の場合,それは「ひとつの平方数を N^2 とするとき,もうひとつの平方数として $(2N-4)^2$ という形の数を採用する」というアイデアである.まずアイデアを提案し,その後はアルゴリズムに沿うだけの形式的な式変形を繰り返すというというのがディオファントスの流儀であり,それなら今日の数学にもそのまま通じている.

フェルマの大定理

前記の計算はディオファントスの議論をそのまま再現したが,ディオファントスは一例を挙げたまでであり,16 を二つの平方数に分解する仕方はいく通りも存在する.Q は N の平方として,前の計算ではもうひとつの平方数として $(2N-4)^2$ を採ったが,ディオファントスは「N をいくつでもよいから好きなだけ取るように」と指示している.そこで a 個の N を採

ることにして，もうひとつの平方数を $aN-4$ としてみると，以下，前と同様に計算が進み，

$$16 - Q = (aN-4)^2, \qquad 16 - N^2 = a^2 N^2 - 8aN + 16$$
$$(a^2+1)N^2 = 8aN, \qquad (a^2+1)N = 8a$$

となる．これより $N = \dfrac{8a}{a^2+1}$ となって N の値が定まり，Q の値も確定する．もうひとつの平方数は $aN - 4 = \dfrac{4(a^2-1)}{a^2+1}$ の平方であるから，

$$16 = \left(\frac{8a}{a^2+1}\right)^2 + \left(\frac{4(a^2-1)}{a^2+1}\right)^2$$

というふうに，16 が二つの平方数の和の形に表される．ところが，この等式を変形すると，

$$(a^2+1)^2 = 4a^2 + (a^2-1)^2$$

という等式が得られる．この等式が成立することは単純な計算でわかるが，結局のところ，ディオファントスはこの自明な等式を根拠にして 16 を二つの平方数の和に分解したのである．しかもこの等式によれば，16 ばかりか，どんな平方数もたちまち二つの平方数に分けられる．実際，上記の等式の両辺を $(a^2+1)^2$ で割ると，

$$1 = \left(\frac{2a}{a^2+1}\right)^2 + \left(\frac{a^2-1}{a^2+1}\right)^2$$

と，数 1 が二つの平方数に分けられるから，どんな平方数 m^2 が与えられたとしても，両辺に m^2 を乗じると，等式

$$m^2 = \left(\frac{2am}{a^2+1}\right)^2 + \left(\frac{(a^2-1)m}{a^2+1}\right)^2$$

が得られるのである．

諸事情はこんなふうであるから,「平方数を二つの平方数(一般に分数になる)の和に分けることができる」というディオファントスの主張はなんでもないことで,上記の自明な等式の帰結である.だが,ここで留意しなければならないのは,上記の自明な等式を導いたディオファントスの論法である.ディオファントスは自明な等式を天与のものとしていきなり書き下したのではなく,代数計算のアルゴリズムの自覚に立脚して,それを導いている.フェルマはこのディオファントスの主張に反応して,

> これとは裏腹に,3乗数を二つの3乗数に分けること,4乗数を二つの4乗数に分けること,一般に平方よりも高次の冪の数を二つの同一の冪の数に分けることは不可能である.(『フェルマ著作集』,第1巻,291頁.「欄外ノート」の第2番目)

と欄外に書き込んだ.そうして,これは広く知られているエピソードだが,

> 私はその真にすばらしい証明を発見したが,それをここに書くには余白が狭すぎる(cujus rei demonstrationem mirabilem sane detexi. Hanc marginis exiguitas non caperet).(同上)

という言葉を書き添えた.このあたりの数語にはただならぬ気配が漂っている.後年,ここにフェルマが書き留めた主張は「フェルマの大定理」もしくは「フェルマの最終定理」と呼ばれることになった.前者の呼称は「フェルマの小定理」と対をなし,後者の呼称は,フェルマが遺した48個の書き込みのう

サミュエル・ド・フェルマが編纂した『フェルマ著作集』
（1679年）の表紙

ち，証明が与えられずに残された最後の命題になったという事情に由来する．

　フェルマの子供にサミュエルという人がいて，『バシェのディオファントス』の復刻版を作成したが，その際，サミュエルは父ピエールの書き込みを本文中に組み込んで復元した．フェルマの数論の書き込みが後世に遺されたのは，この『サミュエルのディオファントス』のおかげである．

3 ── 「フェルマの大定理」と「直角三角形の基本定理」

不定方程式論への道

　平方数が二つの平方数の和の形に分解するというのは平方数の性質であり，ディオファントスはこれを正しく認識して，証

明の仕方も書き留めた．ただし，ここもまた重要なところだが，与えられた平方数は，たとえば 16 のように自然数の平方数であるのに対し，それを二つの平方数に分けるときに現れるのは $\frac{256}{25}$ や $\frac{144}{25}$ のような分数の平方数である．ところが，平方数を二つの平方数の和に分けるというディオファントスの手法を顧みると，ディオファントスの議論の根底にあってこれを支えているのは，

$$(a^2+1)^2 = 4a^2 + (a^2-1)^2 \quad (a \text{ は任意の自然数})$$

という等式であった．これを不定方程式論の立場から眺めると，目に映じるのは，

$$z^2 = x^2 + y^2$$

という不定方程式の自然数解

$$z = a^2+1, \quad x = 2a, \quad y = a^2-1$$

が求められたという光景が目に映じる．自然数の範囲に限定すると，平方数を二つの平方数の和に分けるのはいつでも可能というわけではないこと，a は任意の自然数として a^2+1 という形の数であれば可能であることを，この等式は示している．

どのような平方数も二つの平方数の和の形に表されるというディオファントスの命題に対し，フェルマは，3 乗数や 4 乗数，一般に n は 2 よりも大きな数として，n 乗数についてはそのようにはならないという言葉を書き留めた．n 乗数を二つの n 乗数の和の形に表すことはできないという主張だが，ディオファントスの命題を踏まえている以上，フェルマのいう n 乗数というのは一般に分数，すなわち二つの自然数の比として認識される数の n 乗数を意味していると諒解される．これは n

乗数というもののひとつの性質を述べていることになり，伝統的なアリトメチカの観念によく合致する．

このようなわけでフェルマの主張はそれ自体としては不定方程式とは無関係だが，ディオファントスの命題が不定方程式 $z^2 = x^2 + y^2$ の自然数域での解法に帰着されたのと同様に，不定方程式

$$z^n = x^n + y^n \quad (n > 2)$$

の自然数域での解法に帰着される．フェルマの主張が正しいということは，この不定方程式が（$z = 1, x = 0, y = 1$ や $z = 1, x = 0, y = 1$ のような自明な解は除外することにして）解をもたないということと同等である．後年，この不定方程式は「フェルマ方程式」と呼ばれるようになった．

バシェが考案した数に関するパズルの中には，1 次不定方程式の解法に帰着されるものが多かった．前に挙げたディオファントスの問題と，それに対するフェルマの主張は平方数，3 乗数，… の性質を語っているが，それらは 2 次，3 次，… の不定方程式が解をもつか否かという状勢に帰着された．バシェやディオファントスやフェルマが不定方程式の解法を試みたと言われるのは，このような視点からの観察がなされるからである．不定方程式論が数論と呼ばれる理由もまた同じである．だが，バシェもディオファントスもフェルマも，本来の関心事はどこまでも「数の性質」なのであった．

直角三角形の基本定理

「平方数を二つの平方数に分ける」というディオファントスの問題を見て即座に連想されるのはピタゴラスの定理である．

ディオファントスの問題の泉は直角三角形であり,直角三角形というもののもっとも際立った属性はピタゴラスの定理という形で表明される.ディオファントスはそこから数に関する命題を引き出して,その姿勢がそのままフェルマに継承されたのである.数学における不易と流行のうち,不易に該当する現象である.

フェルマはあちこちで「直角三角形の基本定理」を語ったが,「直角三角形の基本定理」という言葉そのものが最初に使われたのは,1641年6月15日付でフレニクルに宛てて書かれた手紙においてである.この手紙の冒頭に次のような言葉が書かれている.

> 直角三角形の基本定理 (la proposition fondamentale des triangles rectangles) というのは,4の倍数よりも1だけ大きい素数はどれも二つの平方数で作られる,というものである.(『フェルマ著作集』,第2巻,221頁)

フェルマはこの定理がことのほかお気に入りだったようで,パスカル,フレニクル,ディグビィ,カルカヴィなど,いろいろな人に手紙で報告した.

次に挙げるのは「直角三角形の基本定理」の若干の適用例である.

$$5 = 1+4, \quad 13 = 4+9, \quad 17 = 1+16,$$
$$29 = 4+25, \quad 37 = 1+36, \quad 41 = 16+25$$

これらの例では左辺の数はみな素数で,しかも4で割るときの余りは1である.どの例を見ても右辺は二つの平方数の和の形になっていて,「直角三角形の基本定理」の主張のとおりで

ある.

　直角三角形の基本定理はフェルマにとって「数の理論」そのものであった.なぜかといえば,この定理は素数の性質のひとつを明らかにしているからである.素数の全体を二つに分けて,一方には「4で割ると1が余る素数」を所属させ,もう一方には「4で割ると3が余る素数」を所属させることにする.このとき,前者の素数には「二つの平方数の和の形に表される」という性質が備わっていることを主張するのが直角三角形の基本定理である.後者の素数にはこの性質は備わっていない.なぜなら,a^2+b^2という形の素数を4で割るとき,余りが3になることはありえないからである(a^2+b^2が素数である以上,aとbがともに偶数であることはなく,ともに奇数であることもありえないから,一方は偶数,他方は奇数になる.偶数の平方は4で割り切れる.奇数の平方を4で割ると1が余る.したがって,この場合,a^2+b^2を4で割ると,余りは1になる).

　フェルマが関心を寄せたのはあくまでも素数の性質であり,直角三角形の基本定理はアリトメチカすなわち数の理論に所属すると見られるのはそのためである.しかも単なる思いつきというのではなく,背景にはピタゴラスの定理が控えていて,遠いギリシアの声が響いているかのような思いに誘われる.

平方剰余相互法則の第1補充法則

　他方,視点を変えて,こんなふうに問題を提出するとどうであろうか.

　　pは素数として,不定方程式$x^2+y^2=p$が解をもつのは,pがどのような素数の場合であろうか.

このように問えば不定方程式の問題になるが，答はすでに「直角三角形の基本定理」によって明らかにされている．すなわち，「4 で割ると 1 が余る素数であること」というのが，この問いに対する答である．知的もしくは論理的な視点から見れば，二つの問いは同等で，一方の問いは数の理論，もう一方の問いは不定方程式論である．不定方程式論を数論とみなしたい気持ちに誘われるのは，このような状況を目の当たりにするときである．

4 で割ると余りが 1 になったり 3 になったりするという状況を言い表すのに，数の合同の概念を基礎にして，合同式を書き下すのがガウス以来の流儀である．「素数 p を 4 で割ると余りが 1 になる」という数学的状況は，

$$p \equiv 1 \pmod{4}$$

という合同式で表される．そこで今，このような素数 p に対して不定方程式 $x^2 + y^2 = p$ が解 $x = a, y = b$ をもつとすると，合同式 $a^2 \equiv -b^2 \pmod{p}$ が成り立つ．a と b が p で割り切れることはないが，b のほうに注目して 1 次合同式 $bz \equiv 1 \pmod{p}$ を立てると，これは必ず解けて，解 $z = c$ が見つかる．この数 c を用いると，合同式 $bc \equiv 1 \pmod{p}$ が成立し，その結果，合同式 $(ac)^2 \equiv -(bc)^2 \equiv -1 \pmod{p}$ が手に入る．2 次合同式 $x^2 \equiv -1 \pmod{p}$ は解をもつことが，これで示されている．

このようなことは単なる言い換えにすぎないが，「直角三角形の基本定理」にさかのぼって話を組み立てると，

$$p \equiv 1 \pmod{4}$$

となる素数 p に対し，合同式

$$x^2 \equiv -1 \pmod{p}$$

は解をもつ.

という命題が得られたことになる．実はこの逆もまた正しいことが示されるから，この命題は「直角三角形の基本定理」と論理的に同等である．

「$p \equiv 1 \pmod{4}$ となる素数 p に対し，合同式 $x^2 \equiv -1 \pmod{p}$ は解をもつ」という命題を発見したのはガウスであり，しかもこの命題はガウスの数論の出発点でもあった．ガウスの著作『アリトメチカ研究』の序文において，ガウス自身がそのように語っている．1775年の年初，ガウスはたまたま上記の命題を発見して鮮明な印象を受け，これを「あるすばらしいアリトメチカの真理」と呼んだ．しかも，それ自身をすばらしいと思ったばかりではなく，背後にいっそうすばらしいアリトメチカの世界が広がっていることを確信し，その全容を明るみに出したいと念願した．この願いこそ，ガウスとガウスの継承者たちの手で育まれた数論の泉である．

今日の語法では，ガウスが発見したアリトメチカの真理は「平方剰余相互法則の第1補充法則」（第4章参照）と呼ばれている．平方剰余相互法則の本体も存在し，補充定理としてはもうひとつ，第2補充法則（第4章参照）と呼ばれるものが存在する．ガウスはこれらをみな発見し，しかも証明に成功した．

ガウスはこの第1補充法則を独自に発見したが，論理的に見ると「直角三角形の基本定理」と同等であり，それなら第1補充法則の発見者はフェルマと見るべきではないかという所見も成立しそうである．同じ命題がはじめフェルマにより発見され，後年，別の形でガウスが再発見したという順序である．素

数を二つの平方数の和に分けることも，2次不定方程式 $x^2 + y^2 = p$ の可解性を論じることも，それに平方剰余相互法則の第1補充法則も，論理の目にはどれもみな同じことになるが，この状況を「本質は同じ」と見たり，「同一の真理がいろいろな形で現れた」と評するのはだれもが違和感を禁じえないのではあるまいか．なぜなら，「知りたいと思うこと」の姿が三者三様，まったく異なっているからである．

開かれていく世界を観察すると

三つの命題のその後の成り行きを観察すると，直角三角形の基本定理はオイラーを経てラグランジュの手にわたり，「素数の形状理論」が形成された（第3章4節）．この理論には数の個性の探求という，数論の本来の性格が生きている．2次不定方程式 $x^2 + y^2 = p$ の解法に寄せる関心は2次不定方程式の解法理論の一環として考えられるようになった（第3章3節）．ラグランジュはもっとも一般的な形の2次不定方程式

$$\alpha x^2 + \beta xy + \gamma y^2 + \delta x + \varepsilon y + \zeta = 0 \qquad (\alpha, \beta, \gamma, \delta, \varepsilon, \zeta は整数)$$

を書き下して解法を論じたが，このような場に移ると数の個性の探求との連繋は失われてしまう．

平方剰余相互法則の第1補充法則は平方剰余相互法則をもこえて，高次冪剰余の理論へと広々と展開していった（第4章）．素数の形状理論とも不定方程式論とも異なるもうひとつの数論が誕生したのである．

数学の問題は歴史から生れる

「直角三角形の基本定理」の話をもう少し続けたいと思う．フェルマはこの定理を1640年12月25日付のメルセンヌ宛書

簡においてはじめて語り（ただし，既述のように，「直角三角形の基本定理」という言葉が最初に現れたのは 1641 年 6 月 15 日付のフレニクル宛書簡においてである），その後もパスカルやディグビィやカルカヴィに宛てて何度も繰り返して報告したが，実際にこの定理を認識したのはずっと早く，「欄外ノート」の第 7 番目に記されている．その記事は，

> 4 の倍数よりも 1 だけ大きい素数はただひと通りの仕方で直角三角形の斜辺になる．（『フェルマ著作集』，第 1 巻，293-294 頁）

と書き出され，続いて，

> その平方は 2 通り，3 乗は 3 通り，4 乗は 4 通りの仕方で直角三角形の斜辺になる．以下も同様．（同上，294 頁）

と言い添えられた．「4 の倍数よりも 1 だけ大きい素数」というのは「4 で割ると 1 が余る素数」と言うのと同じであり，「$4n+1$ という形の素数」と言っても同じである．

「直角三角形の基本定理」にピタゴラスの定理の影響が見られるのは明白で，この点は「平方数を二つの平方数の和に分ける」という，前に取り上げたディオファントスの問題と同様である．数の性質を調べるといっても単なる思いつきで問題や命題が提示されているわけではなく，ピタゴラスの定理に寄せる関心が持続していて，問題や命題はそこから生まれている．これを言い換えると，数学は歴史的に生成されるということにほかならず，数学史が成立する理由もまたその一点に認められるのである．

単位正方形，すなわち一辺の長さが 1 の正方形の対角線の長さが $\sqrt{2}$ となることからわかるように，一般に直角三角形の斜辺は，たとえ直角をはさむ 2 辺の長さが自然数であっても，必ずしも自然数ではありえない．この簡明な事実を踏まえたうえで，直角三角形の斜辺でありうるのはどのような数であろうかと問うたのが，ディオファントスの『アリトメチカ』第 2 巻の問題 8 であった．ディオファントスはこれを「平方数を二つの平方数に分けること」という形で提示したが，辺の長さを有理数の範囲に限定して探索することにすると，「どのような数も，ある直角三角形の斜辺になりうる」というのが，ディオファントスが明示した答である．今の目にはなんでもないことのように映じるが，実に興味深い事実である．

　この命題を 3 乗数，4 乗数，… へと及ぼしたフェルマの着眼もまた際立っている．ディオファントスが述べたことを平方数の性質と見たからこそ，なしえたことである．フェルマは 3 乗数，4 乗数，… に固有の性質に関心を寄せていたのである．たとえ論理的に見て同等としても，不定方程式 $z^2 = x^2 + y^2$ を解くという視点に立って冪指数を高め，

$$z^3 = x^3 + y^3, \qquad z^4 = x^4 + y^4, \qquad \cdots$$

というタイプの不定方程式の解法を試みるという方向に進むのは，実際には無理なのではあるまいか．

直角三角形の斜辺になる素数

　フェルマの「欄外ノート」の第 7 項目では，「4 で割ると 1 が余る素数」，すなわち $p \equiv 1 \pmod{4}$ となる素数 p に対し，p^n は n 通りの仕方で直角三角形の斜辺になりうると語られて

いる．ここで考えられているのは，三辺の長さが自然数で表される直角三角形である．不定方程式の言葉では，不定方程式

$$x^2 + y^2 = p^{2n}$$

は n 組の自然数解 $x = a, y = b$ をもつと言い換えられる（$x = a, y = b$ が解なら $x = b, y = a$ も解だが，この二つの解は同じものと見て区別しない）．一例として $p = 5, n = 2$ を取ると，$p^2 = 25$ は 2 通りの仕方で直角三角形の斜辺になることになるが，実際に計算してみると，p^2 の平方，すなわち $p^4 = 625$ は，$625 = 7^2 + 24^2 = 15^2 + 20^2$ というふうに，確かに 2 通りの仕方で二つの平方数の和の形に表される．これらの等式が示しているのは，数の三つ組 $(25, 7, 24)$ と $(25, 15, 20)$ はいずれも直角三角形の 3 辺でありうるという事実である．

フェルマはこの状勢を限りなく推し進め，4 で割ると 1 が余る任意の素数と任意の自然数 n に対し，p^n は n 通りの仕方で直角三角形の斜辺でありうるという命題を表明した．どうしてそのようなことが予測できたのであろうか．何かしら明確な根拠がなければとうていなしえない言明である．

フェルマはさらに言葉を続けて，

> 同じ素数およびその平方はただひと通りの仕方で二つの平方数の和になる．その素数の 3 乗と 4 乗は 2 通りの仕方で，5 乗と 6 乗は 3 通りの仕方で二つの平方数の和になる．こんなふうにどこまでも続いていく．（同上）

と述べている．前記の言葉を言い換えただけで，内容は同じである．

フェルマの「欄外ノート」の第 7 番目の記事はディオファン

トス自身の言葉に対するものではなく,対象は,ディオファントスの『アリトメチカ』第3巻の第22問題に対してなされたバシェの註釈(54-55頁参照)である.第22問題を見ると,ディオファントスは「$4n+1$という形の素数は二つの平方数に分解される」という事実を認識していた様子がはっきりと伝わってくる.

ディオファントスの第22問題それ自体の紹介は省略するが,ディオファントスが挙げている例を拾うと,直角三角形の3辺となる数の三つ組として$(3,4,5)$と$(5,12,13)$が目に留まる.等式$5^2=3^2+4^2$,$13^2=5^2+12^2$が示している通りの簡明な事実であり,それぞれ5と13が斜辺の長さを表している.この二つの等式の前者の両辺に13^2を乗じ,後者の両辺に5^2を乗じると,等式

$$65^2 = 39^2 + 52^2, \qquad 65^2 = 25^2 + 60^2$$

が得られるが,これらは,数の三つ組$(39,52,65)$と$(25,60,65)$がいずれも直角三角形の3辺であることを示している.しかも斜辺の長さはどちらも65である.これを言い換えると,斜辺の長さを65と指定したとき,そのような直角三角形が二つまで見つかったことになる.

この計算は「5と13を乗じると65になる」という事実に依拠しているが,これに加えてもうひとつ,$(3,4,5)$と$(5,12,13)$がいずれも直角三角形の三辺になるという事実にも基づいている.

視点を転換して,等式$65=5\times 13$から出発したらどうなるであろうか.ディオファントスは「65は二つの平方数の和に分けられる」ことを明記して,しかもその根拠を,65が二つ

の素因数 5 と 13 の積であることと，5 も 13 も二つの平方数の和に分けられることに求めている．5 も 13 も「4 で割ると 1 が余る素数」であるから，直角三角形の基本定理によりどちらも二つの平方数の和に分けられるが，すでにこの事実に着目していた様子がうかがわれるのである．フェルマがそうしたように完全に一般的な形で直角三角形の基本定理を表明したとまでは言えないとしても，「二つの平方数の和に分けられる平方数」というものに深い関心を寄せていたのはまちがいない．その関心の根底にあるのはピタゴラスの定理であることを，ここであらためて強調しておきたいと思う．

二つの「二つの平方数の和」の積がやはり「二つの平方数の和」であることは，等式

$$(a^2 + b^2)(c^2 + d^2) = (ac \pm bd)^2 + (ad \mp bc)^2$$

により示される．ディオファントスもまたすでに承知していた等式である．これを $5 = 1 + 4, 13 = 4 + 9$ に適用すると，$a = 1, b = 2, c = 2, d = 3$ として，$(ac \pm bd)^2 + (ad \mp bc)^2 = (2 \pm 6)^2 + (3 \mp 4)^2$ となる．この数値は $8^2 + 1^2$，または $4^2 + 7^2$ である．これで 65 は 2 通りの仕方で「二つの平方数の和」の形に表された．ディオファントスの言葉のとおりである．

65 を斜辺にもつ直角三角形を作る

65 は 8 の平方と 1 の平方の和に分けられたが，8 と 1 を使って「斜辺の長さが 65 の直角三角形」を作ることができる．そのためには 65 の平方 65^2 を二つの平方数の和に分けなければならないが，これは $65 = 8^2 + 1^2$ と設定し，$a = 8, b = 1, c = 8, d = 1$ と見て等式

$$(a^2+b^2)(c^2+d^2) = (ac \pm bd)^2 + (ad \mp bc)^2$$

にあてはめれば実現される．実際，この場合，$ad-bc=0$ となるから，

$$(a^2+b^2)(c^2+d^2) = (ac+bd)^2 + (ad-bc)^2$$

のほうは捨てて

$$(a^2+b^2)(c^2+d^2) = (ac-bd)^2 + (ad+bc)^2$$

のほうだけを取ると，$ac-bd=63, ad+bc=16$ となる．これで $65^2 = 63^2 + 16^2$ という等式が得られた．等式 $(a^2+b^2)^2 = (a^2-b^2)^2 + (2ab)^2$ において $a=8, b=1$ としてもよい．

同様にして，今度は 7 と 4 を使うと，$65^2 = 33^2 + 56^2$ という等式が生じる．

「8 と 1」と「7 と 4」を同時に使うことも考えられる．実際，$65^2 = (8^2+1^2) \times (7^2+4^2)$ と置いて，$a=8, b=1, c=7, d=4$ と見て等式 $(a^2+b^2)(c^2+d^2) = (ac \pm bd)^2 + (ad \mp bc)^2$ にあてはめると，$ac+bd=60, ac-bd=52, ad-bc=25, ad+bc=39$ となるから，二つの等式 $65^2 = 60^2 + 25^2, 65^2 = 52^2 + 39^2$ が得られる．ところが，これは前に直角三角形 $(3,4,5)$ と $(5,12,13)$ を用いて作成した等式と同じものである．

$5 = 1^2 + 2^2$ から出発して同じ手順を繰り返すと，等式 $5^2 = 3^2 + 4^2$ が得られる．また，$13 = 2^2 + 3^2$ から出発すると，等式 $13^2 = 5^2 + 12^2$ が生じる．そこで，$65^2 = 5^2 \times 13^2 = (3^2+4^2)(5^2+12^2)$ と表示して，前のように等式 $(a^2+b^2)(c^2+d^2) = (ac \pm bd)^2 + (ad \mp bc)^2$ にあてはめると，二つの等式

$$65^2 = 63^2 + 16^2, \qquad 65^2 = 33^2 + 56^2$$

が手に入る．これは「8 と 1」と「7 と 4」をそれぞれ用いて得

られた等式と同じものである．こんなふうにいろいろな道を通って，65^2 は4通りの仕方で二つの平方数の和に分けられた．これを言い換えると，斜辺が 65 の直角三角形が4個見つかったということにほかならない．ピタゴラスに象徴される直角三角形の観察を通じて，そこからおのずと「数の理論」が汲まれたのである．ディオファントスの意図するところもそのあたりにあったのであろう．

　「直角三角形の基本定理」に関連する話を長々と続けてきたが，この命題の数論史上における重要性を思うと，どれほど語っても言葉が足りることがない．アリトメチカの原義はあくまでも「数の理論」なのであるから，ユークリッドの『原論』に見られる完全数のように，何かしら特定の性質を備えた数に対して関心を寄せていくのが本来の姿である．そこで「何かしら特定の性質を備えた数」をどのようにして認識するかということが基本的な問題になるが，ディオファントスはピタゴラスの定理にひとつの道筋の可能性を見出だしたのではないかと思う．3辺の長さが自然数で表される三角形の範疇において，「直角三角形の斜辺でありうる数」に着目したのは確かにすばらしいアイデアで，感嘆するほかはない．

　三角形の辺の長さとして有理分数，すなわち二つの自然数の比として認識される数の範疇に身を置くのであれば，どのような数も直角三角形の斜辺でありうることを，ディオファントスは示した（『アリトメチカ』，第2巻，問題8）．この事実の根底にあるのは，自然数の範疇において平方数を二つの平方数の和に分けることで，そのようなことができたなら，それに対応してそのつど，平方数の有理平方数の和への分解が実現される

のであった.

　問題は新たな局面に直面し,自然数の範疇において平方数を二つの平方数の和に分解することの可能性が問われるという成り行きになった.「直角三角形の基本定理」はこれに応えているが,ディオファントスもまた,たとえば 65 という数に範例を求めて語られたように,「直角三角形の基本定理」と同等の一般性を備えた命題を知っていたかのようである.アリトメチカの守備範囲は次第に広がっていった.だが,ディオファントスが関心を寄せていたのはあくまでも「直角三角形の斜辺でありうる数」であった.数論の対象になりうる特定の数は勝手気ままに考えられたのではなく,ピタゴラスの定理という歴史的遺産に支えられて出現したのである.

第2章
オイラーによるフェルマの言葉の証明の試み

フェルマは数の世界を渉猟して多くの現象を発見したが，証明についてはごくまれにスケッチを書き留めるだけで，ほぼすべての場合において，証明を遺さなかった．フェルマの発見に関心を寄せ，証明を与える試みを続けたのはオイラーである．時代はすでに 18 世紀に入っている．しばらくオイラーがフェルマの数論に深く関わっていく様子を描写したいと思う．

1 ——「直角三角形の基本定理」の証明に向う

バシェの註釈とフェルマの註釈

ディオファントスの『アリトメチカ』，第 3 巻，問題 22 に対し，バシェは註釈をつけて，5525 と 1073 をそれぞれ二つの平方数の和の形に表した．前者の数は

$$5525 = 5^2 \times 13 \times 17$$

と素因数に分解される．三つの素因数 5, 13, 17 はいずれも「4 で割ると 1 が余る素数」で，$5 = 1^2 + 2^2, 13 = 2^2 + 3^2, 17 = 1^2 + 4^2$ と，ただひと通りの仕方で二つの平方数の和に分けられる．この表示から出発して，あらゆる数 a, b, c, d に対して恒等的に成立する二つの等式

$$(a^2 + b^2)^2 = (a^2 - b^2)^2 + (2ab)^2$$
$$(a^2 + b^2)(c^2 + d^2) = (ac \pm bd)^2 + (ad \mp bc)^2$$

にあてはめていくと，5525 を二つの平方数に分ける等式が次々と見出だされる．それらを書き下すと，次のとおりである．

$$\begin{aligned}
5525 &= 74^2 + 7^2 \\
&= 70^2 + 25^2 \\
&= 62^2 + 41^2
\end{aligned}$$

$$= 50^2 + 55^2$$
$$= 22^2 + 71^2$$
$$= 14^2 + 73^2$$

全部で 6 個である．

　後者の数 1073 についても同様で，素因数分解 $1073 = 29 \times 37$ と等式 $29 = 2^2 + 5^2, 37 = 1^2 + 6^2$ から出発して計算を進めると，

$$1073 = 32^2 + 7^2$$
$$= 28^2 + 17^2$$

という 2 通りの表示が見つかる．ここからさらに歩を進めて二つの数の積 $5525 \times 1073 = 5928325$ を考えると，これを二つの平方数の和に分ける等式が現れる．全部で 24 個である．$5525 = 74^2 + 7^2, 1073 = 32^2 + 7^2$ から出発して計算例を挙げると，$a = 74, b = 7, c = 32, d = 7$ として，$ac + bd = 2368 + 49 = 2417, ad - bc = 518 - 224 = 294$．これより

$5525 \times 1073 = 2417^2 + 294^2$ $(5928325 = 5841889 + 86436)$

という表示が手に入る．

　このバシェの註釈に対してさらに註釈を書き添えたのがフェルマで，それが「欄外ノート」の第 7 項目である（『フェルマ著作集』，第 1 巻，293–297 頁）．

　「欄外ノート」の第 7 項目に真っ先に記されているのは「直角三角形の基本定理」だが，この項目は非常に長く，いろいろなことが書かれている．たとえば，フェルマは

> ある数が与えられたとき，その数は何通りの仕方で直角三角形の斜辺になるだろうか．

という問題を立て，一例として
$$359125 = 5^3 \times 13^2 \times 17$$
を挙げた．答は 52 で，359125 は 52 通りの仕方で直角三角形の斜辺になる．解答の指針も示されているので追随してみたいと思う．

数 359125 が与えられたとして，この数は何通りの仕方で直角三角形の斜辺になるのかを知るのが目標である．まずこの数を素因数に分解して 3 個の素因数 5, 13, 17 を見つける．それぞれの素因数に冪指数 3, 2, 1 が伴っている．第 1 の冪指数 3 と第 2 の冪指数 2 を乗じると $3 \times 2 = 6$．これを 2 倍して，$2 \times 6 = 12$．これに第 1 の冪指数 3 と第 2 の冪指数 2 を加えると $12 + 3 + 2 = 17$．これに第 3 の冪指数 1 を乗じると $17 \times 1 = 17$．これをまた 2 倍すると $2 \times 17 = 34$．これに 17 を加え，さらに第 3 の冪指数 1 を加えると，$34 + 17 + 1 = 52$ となる．これが答である．

3 個の素因数を $a = 5, b = 13, c = 17$ と表記し，3 個の冪指数を $x = 3, y = 2, z = 1$ としてフェルマが示した計算の手順を再現すると，フェルマは
$$w = 2z(2xy + x + y) + 2xy + x + y + z$$
という数値を計算して 52 を得ていることがわかる．もう少し形を整えると，
$$2w + 1 = (2x + 1)(2y + 1)(2z + 1)$$
となって，見た目がきれいになる．優に数学的発見の名に値するおもしろい計算である．

「直角三角形の基本定理」に関連するいろいろな問題

フェルマは，

> あらかじめある数 w を指定して，w 通りの仕方で斜辺になる数を探索せよ．

という問題も立てた．求められている数は無数に存在するが，それらの中で一番小さいものを見つけることができる．一例として $w=7$ を取ると，7 通りの仕方で直角三角形の斜辺になりうる最小の数は $13 \times 5^2 = 325$ である．

これを示すためにフェルマの議論に追随すると，まずはじめに，与えられた数 7 を 2 倍する．その結果は 14 になるが，それに 1 を加えると 15 になる．15 を素因数に分解すると，$15 = 3 \times 5$ という等式が得られる．素因数は 3 と 5 の二つ．各々から 1 を引くと 2 と 4 が得られ，これらをさらに 2 で割ると 1 と 2 という二つの数が手に入る．こんなふうにして得られた数の個数は 2 個であるから，4 で割ると 1 が余る素数を二つ選定する．それらを a と b として，$a \times b^2$ という数を作ると，それは 7 通りの仕方で直角三角形の斜辺になるのである．a と b は何でもよいのであるから，このような数は無数に存在することになるが，一番小さいものということであれば $a=13, b=5$ と取ればよく，$13 \times 5^2 = 325$ という数が得られる．

前記の等式

$$2w+1 = (2x+1)(2y+1)(2z+1)$$

をあてはめると，$w=7$ となればよいのであるから，$2w+1 = 15 = 3 \times 5$ となる．そこで $2x+1=3, 2y+1=5, 2z+1=1$ と置くと，$x=1, y=2, z=0$ が得られる．これがフェルマの

論法である．フェルマは具体的に与えられた数値に対して計算を示しているが，その論法を見ると，一般的な状況を承知していたと見てまちがいないと思う．

フェルマが次に提示した問題は，

> あらかじめある数 w を指定して，w 通りの仕方で二つの平方数の和になる数を探索せよ．

という問題である．フェルマは $w=10$ を例に取って計算を進めた．10 を 2 倍すると 20．これを素因数に分解すると $20 = 2\times 2\times 5$．三つの素因数 $2,2,5$ の各々から 1 を引くと $1,1,4$ が得られる．そこで「4 で割ると 1 が余る素数」を 3 個選び，それらを a,b,c とすると，$N = a\times b\times c^4$ は 10 通りの仕方で二つの平方数の和に分けられる．

フェルマの議論に理解を深めるためにもう少し一般的に考えてみたいと思う．a,b,c は「4 で割ると 1 が余る素数」とし，

$$N = a^x \times b^y \times c^z$$

という数を考えて，

$$A = (x+1)(y+1)(z+1)$$

と置くとき，もし A が偶数なら N は $\dfrac{A}{2}$ 通りの仕方で二つの平方数の和に分れ，もし A が奇数なら，N は $\dfrac{A-1}{2}$ 通りの仕方で二つの平方数の和に分れる．そこで $\dfrac{A}{2}=10$ の場合を考えると $A = 20 = 2\times 2\times 5$ となるから，$x+1=2, y+1=2, z+1=5$ と置いて，$x=1, y=1, z=4$ が得られる．このようにして 10 通りの仕方で二つの平方数の和に分けられる数が無数に得られるが，一番小さいものというのであれば，$a=13, b=$

17, $c=5$ と取って $N=138125$ が手に入る.

あるいはまた $\frac{A-1}{2}=10$ の場合を考えると,$A=21=3\times 7$ となるが,以下,同様に計算を進めて,$x=2, y=6, z=0$ となる.最小の数ということでは $a=13, b=5$ を取って $N=13^2\times 5^6=2640625$ が得られる.これよりも,前に得られた数 138125 のほうがずっと小さいのであるから,「二つの平方数の和に 10 通りの仕方で分けられる数」のうち,一番小さいものは 138125 であることが明らかになる.このような数値の算出は一般的な視点が定まっていなければとうてい不可能である.

「直角三角形の基本定理」に関連するいろいろな問題(続)

次に登場するのは,

> 二つの平方数に分けられる数が与えられたとして,それは何通りの仕方で二つの平方数の和に分けられるのかを定める.

という問題である.フェルマは 325 を例に取った.以下,フェルマが示している計算を再現する.325 を素因数に分解すると $325=5^2\times 13$ となる.二つの素因数 5 と 13 はいずれも「4 で割ると 1 が余る素数」であるから,325 は確かに二つの平方数の和に分けられる.素因数 5, 13 の冪指数はそれぞれ 2, 1. それらの和を作ると 3. 積を作ると 2. 和と積を加えると 5 となるが,さらに 1 を加えると 6 になる.これを 2 で割ると 3 であるから,与えられた数 325 は 3 通りの仕方で二つの平方数の和に分けられることになる.

一般的な視点から見て,前のように $N=a^x\times b^y\times c^z$ という数を考えると $a=5, b=13, x=2, y=1, z=0$ と置くこと

になり，$A=(x+1)(y+1)(z+1)=3\times 2=6$ となる．これは偶数であり，2 で割って 3 という数値が得られる．実際には，フェルマは

$$A=(x+1)(y+1)(z+1)=(x+1)(y+1)=xy+x+y+1$$

として計算を進めている．

　与えられた数が 325 の場合には A は偶数になる．そこでその半分を作ることになった．これに対し，別の数が与えられたとして，それに対して A が奇数になったとすると，今度は A から 1 を引いたうえで 2 で割らなければならないと，フェルマは書き添えた．

　最後にもうひとつ，フェルマは，

> 与えられた整数を加えると平方数になり，しかも，何回でも望まれた回数だけ直角三角形の斜辺になる数を求めよ．

という問題を提示した．ここで，「整数」という言葉の原語はラテン語の numerous in integris であり，フェルマの著作集では un nombre entier というフランス語に移されている．ここではこれらをそのまま訳出して「整数」という訳語をあてた．今日の語法で整数というと「正負の自然数」のような感じがするが，フェルマは直角三角形の斜辺になりうる数に関心を寄せているのであるから，負の数が考慮されることはない．フェルマのいう整数とは「分数ではない正の数」という意味の数と見てよいと思う．

　最後の問題はむずかしいとフェルマは言い添えて，一例として 2023 を挙げた．2023 に 2 を加えると，$2023+2=2025=45^2$ となり，確かに平方数である．他方，2023 を素因数に分解

すると，$2023 = 7 \times 17^2$ となる．これまでに何度も繰り返してきた計算をここでも適用すると，$17^2 = 15^2 + 8^2$ と分解され，さらに $17^4 = 255^2 + 136^2 = 161^2 + 240^2$ というふうに分解が進行する．これにより，

$$2023^2 = 7^2 \times (255^2 + 136^2) = 7^2 \times (161^2 + 240^2)$$
$$= 1785^2 + 952^2 = 1127^2 + 1680^2$$

と計算が進み，2023 は 2 通りの仕方で直角三角形の斜辺になることが判明する．

フェルマは同様の性質をもつ数としてもうひとつ，3362 を挙げて，この二つの数のほかにも無数に存在すると書き添えた．与えられた数が 2 で，しかも直角三角形の斜辺になる仕方も 2 通りという一番簡単な場合に限定しても，このように込み入った状況に直面する．一般的に考えたなら，手に負えないほどの煩雑な困難に出会いそうである．

ピタゴラスの定理に関連して，フェルマはさまざまな問題を提示したが，それらの根底にあるのは「4 で割ると 1 が余る素数は二つの平方数の和に分けられる」という事実である．そこでフェルマはこの事実を主張する命題を重く見て，これを直角三角形の基本定理と呼んだのである．フェルマの心情が手に取るように伝わってくる思いがする．

オイラーによる「直角三角形の基本定理」の証明

既述のように，フェルマが「直角三角形の基本定理」という言葉をはじめて用いたのは，1641 年 6 月 15 日付のフレニクル宛ての手紙の冒頭においてである．フェルマの著作集の脚註によると，この手紙は写しを元にして再現したとのことであり，

その写しには住所も日付も記入されていないという．それでもフェルマの手紙の抜粋と見るほかはない．宛先がフレニクルであることも明白であり，フレニクルは 1641 年 8 月 2 日付でフェルマに返信した．

フェルマは同年 6 月 15 日にメルセンヌに手紙を書いているが，その手紙には追伸があり，

> ある数が与えられたとき，それは何通りの仕方で，直角三角形の小さい 2 辺の和になりうるだろうか．（『フェルマ著作集』，第 2 巻，221 頁）

という問題が書き留められた．直角三角形の「小さい 2 辺」というのは「直角をはさむ 2 辺」のことである．

1641 年 8 月 2 日付のフレニクルの返信を見ると，「あなたが私に提示したもうひとつのお尋ね」として二つの問題が挙げられているが，そのひとつは上記の問題である．それと同じ問題が，「直角三角形の基本定理」が語られた手紙の末尾に記されている．

1641 年 6 月 15 日付のメルセンヌ宛の手紙の追伸には，「フレニクルに手紙を書いてから，彼に提示する最後の質問を思いつきました」という文言があり，続いて上記の問題が書かれている．これらの状況から，「直角三角形の基本定理」の一語が登場する手紙が書かれたのはメルセンヌへの手紙と同日と判断される．

上に挙げた問題はまたしても直角三角形と関連し，いかにもおもしろそうな問題だが，難問である．「直角三角形の基本定理」との関係も深い．

フェルマは「直角三角形の基本定理」を語るのみで，証明は

公表しなかった（証明をもっていた可能性はある）．この命題の証明にはじめて成功したのはオイラーで，オイラーはそのために次の 2 篇の論文を執筆した．

　　[E228]「二つの平方数の和になる数について」（1758 年）

　　[E241]「$4n+1$ という形のあらゆる素数は二つの平方数の和になるというフェルマの定理の証明」（1760 年）

　1641 年のフェルマの手紙の時点からオイラーの証明まで，およそ 120 年の歳月が流れている．

　オイラーの論文 [E228] を参照すると，まずはじめに証明されたのは，

　　互いに素な二つの平方数の和の形に書き表される数の約数は，どれもみなそのような形に書き表される．

という命題である（命題 4．『ペテルブルク新紀要』，第 4 巻，18 頁．文言のまま訳出すると，「互いに素な二つの平方数の和は，それ自身が二つの平方数の和ではないいかなる数でも割り切れない」）．続いて「証明の試み」という小見出しが現れて，「直角三角形の基本定理」の証明がスケッチされた．その様子は下記の通りである．

　$p = 4n+1$ は素数として，a と b は p で割り切れない数とする．このとき「フェルマの小定理」（後述する）により，$a^{4n} - 1$ と $b^{4n} - 1$ はいずれも p で割り切れる．それゆえ，それらの差，すなわち $a^{4n} - b^{4n}$ もまた p で割り切れることになるが，

$$a^{4n} - b^{4n} = (a^{2n} - b^{2n})(a^{2n} + b^{2n})$$

と分解されるから，二つの数 $a^{2n} - b^{2n}$ と $a^{2n} + b^{2n}$ のどちら

か一方は必ず p で割り切れる（両方とも p で割り切れるということはない．なぜなら，その場合，a^{2n} と b^{2n} がどちらも p で割り切れることになり，その結果，a と b も p で割り切れることになってしまうからである）．

そこで，もし何らかの数 a,b に対して $a^{2n} - b^{2n}$ が p で割り切れないということが起こるなら，そのとき $a^{2n} + b^{2n}$ は p で割り切れることになる．したがって，「証明の試み」に先立って証明された命題により，p はそれ自身，二つの平方数の和に分れることがわかる．これが，オイラーによる「直角三角形の基本定理」の証明のスケッチである．

このスケッチには，証明が欠如している命題が使われている．それは，

$a^{2n} - b^{2n}$ が p で割り切れないような二つの数 a,b が存在する．

という命題で，この欠落は論文［E241］において補填された．その様子は次の通り．

まず $4n$ 個の数の系列

$$1, 2^{2n}, 3^{2n}, 4^{2n}, \cdots, (4n)^{2n}$$

を考えよう．次に，この系列において，隣り合う二つの数の差を次々に作っていくと，

(a_1) $\quad 2^{2n} - 1, 3^{2n} - 2^{2n}, 4^{2n} - 3^{2n}, \cdots,$
$\qquad (4n-1)^{2n} - (4n-2)^{2n}, (4n)^{2n} - (4n-1)^{2n}$

という，$4n-1$ 個の数の系列が得られる．次に，今度はこの系列 (a_1) から出発して同様の手順を繰り返すと，

(a_2) $\quad 3^{2n} - 2 \cdot 2^{2n} + 1, 4^{2n} - 2 \cdot 3^{2n} + 2^{2n}, \cdots,$

$$(4n)^{2n} - 2 \cdot (4n-1)^{2n} + (4n-2)^{2n}$$

という系列が得られる．以下，引き続き同様の手続きを繰り返していくと，$2n$ 回目には，同一の数 $(2n)!$ が $2n$ 個並んでいる系列が得られる．この事実は明らかというわけではなく，証明を要するが，これを確認するところにオイラーの証明のエッセンスが宿っている．

今，これは証明されたとして，そのうえで，もし第一系列 (a_1) を形成する $4n-1$ 個の数がすべて p で割り切れるとすれば，第二系列 (a_2)，第三系列 $(a_3), \cdots$ についても同様で，特に第 $2n$ 系列に現れる数 $(2n)!$ は $p = 4n+1$ で割り切れることになる．ところが，そのようなことは明らかにありえない．それゆえ，第一系列 (a_1) を作る $4n-1$ 個の数の中に，少なくともひとつは p で割り切れないものが存在する．こうしてオイラーの証明は成功した．

2 ── フェルマの小定理

フェルマの小定理

オイラーによる「直角三角形の基本定理」の証明を回想すると，

> 互いに素な二つの平方数の和の形に表される数の約数は，どれもみなそのような形に表示される．

という命題が重要な位置を占めることがわかる．オイラーはこれを 1758 年の論文［E228］「二つの平方数の和になる数について」で証明したが，この命題だけであれば，もっと早い時期に，1750 年の論文［E134］「数の約数に関する諸定理」に記載

されている．また，オイラーの証明ではもうひとつ，「フェルマの小定理」も使用された．この命題の証明は［E134］にも出ているが，それは第2番目の証明であり，1番はじめの証明は1741年の論文［E54］「素数に関する2, 3の注目すべき定理の証明」で報告された．オイラーによる「直角三角形の基本定理」の証明は，ここに言及した二つの命題に支えられて成立する．

オイラーの論文の各々に，掲載された学術誌の刊行年を書き添えたが，論文が実際に成立した時期はずっと早く，［E54］は1736年8月2日にサンクトペテルブルク科学アカデミーに提出されている．［E228］がベルリンの科学アカデミーで報告されたのは1749年3月20日であり，この間に実に13年という歳月が流れたのである．フェルマが発見した命題を証明しようとするオイラーの意気込みが，まざまざと感じられる光景である．西欧近代の「数の理論」はまさしくこの情熱の中から生れたのである．

フェルマの小定理の話をもう少し．オイラーの最初の証明は論文［E54］で報告されたが，関心を寄せ始めた時期はもっと早く，1738年の論文

　　［E26］「フェルマの定理とそのほかの注目すべき諸定理
　　　に関するさまざまな観察」

にすでに登場している．証明は記されていないが，一般化さえすでに試みられていた．［E26］がサンクトペテルブルクの科学アカデミーに提出されたのは1732年9月26日．オイラーは25歳であった．数論に寄せる関心は非常に早い時期から現れていたのである．

フェルマは 1640 年 10 月 18 日付のフレニクルへの手紙（第 44 書簡.『フェルマ著作集』, 第 2 巻, 206–212 頁）の中ではじめて「フェルマの小定理」を話題にした. オイラーが着目して証明に成功するまでに, およそ 100 年の歳月が流れている.

「フェルマの小定理」は今日の初等整数論のテキストに必ず記されていて, 広く知られているが, ガウスが提案した合同式の言葉を用いて次のように表明されるのが通常の姿である.

p は奇素数とし, a は p で割り切れない数とすると, 合同式

$$a^{p-1} \equiv 1 \pmod{p}$$

が成立する.

この合同式は **$a^{p-1} - 1$ は p で割り切れる** ということを意味している.

ここで考えなければならないのは「フェルマの小定理」の意味である. この定理はどのような意味において数論でありうるのであろうか. まずはじめに考えられるのは「素数の一性質」ということである. それならまちがいなく数論の名に相応しく, おそらくフェルマの真意もまたそこにあったのであろうと思われる. あるいはまた, 不定方程式との関連でいうなら, a と x に関する不定方程式 $a^{p-1} = 1 + px$ は必ず解をもつことが主張されていると見ることも可能である. 合同式の言葉に言い換えれば, どのような奇素数 p に対しても合同式 $a^{p-1} \equiv 1 \pmod{p}$ は必ず解 a をもつという主張になる. いずれにしても p で割り切れないすべての数 a が解になることになるが, 根底にあるのは「奇素数 p に備わっている一性質」が表明され

ているという事実である．フェルマの小定理を不定方程式や合同式の言葉で言い換えても，依然として数論でありうるのはそのためである．

フェルマの 1640 年 10 月 18 日付のフレニクルへの手紙では，「フェルマの小定理」はどのように語られているのであろうか．フェルマの言葉の意に沿って紹介すると（逐語訳ではないという意味である），フェルマはまず奇素数 p を任意に指定し，次に $p-1$ 個の数で作られる幾何数列

$$a, a^2, a^3, \cdots, a^{p-1}$$

を設定した．ここで，a は p で割り切れない数である．フェルマはそのことを明記していないが，手紙の中でのことであり，そのあたりは以心伝心というか，あたりまえのことと受け留めてもらえるというほどの考えで略記したのであろう．このような状勢のもとで，「上記の幾何数列のうちのどれかひとつ a^n から 1 を引いた数，すなわち $a^n - 1$ は p で割り切れる」とフェルマは言明した．しかもその場合，冪指数 n は $p-1$ の約数であることも忘れずに言い添えられている．

一例として $p = 13, a = 3$ をとり，3 の冪を作っていくと，

$$3, 9, 27, 81, 243, 729, \cdots$$

という系列が作られる．各々の数から 1 を引くと，

$$2, 8, 26, 80, 242, 728, \cdots$$

という系列ができるが，3 番目の数 $a^3 - 1 = 26$ は $p = 13$ で割り切れる．しかも，その際の冪指数 3 は $p - 1 = 12$ の約数であるから，「フェルマの小定理」の主張に適合する．6 番目の数 $a^6 - 1 = 728$ も $p = 13$ で割り切れて，冪指数 6 は 12 の約

数である．これも「フェルマの小定理」の主張の通りである．もとより $a^{12} - 1 = 531441 - 1 = 531440$ も 13 で割り切れる（商は 40880 である）．

「フェルマの小定理」には「直角三角形の基本定理」の場合のような歴史的由来はなく，フェルマは数の冪を次々と作り，それらを素数で割って計算しているうちに気づいたのであろう．では，なぜ「冪を作る」ということをしたのかという素朴な疑問が生じるが，これについてはまだ何もわからない．

完全数の根

「フェルマの小定理」には素数の一性質が現れている．これを不定方程式や合同式の解の存在を問う問題と受け止めることも可能ではあるが，あえてそのように見なくともよさそうである．それに，フェルマ自身の関心はあくまでも素数の性質に寄せられていたことに，くれぐれも留意しておきたいと思う．数の理論ということの字義のとおりの意味合いは，どこまでも「数の性質」から目を離さないところに認められるのである．

「フェルマの小定理」はディオファントスの『アリトメチカ』とは関係がないことも重要な論点である．フェルマの数論に及ぼされたディオファントスの影響はあまりにも大きく，ディオファントスのないフェルマの数論は考えられないが，同時にフェルマの歩みがディオファントスを越えようとする方向に向かっている様子もはっきりと見受けられる．**フェルマの大定理の場合であれば，n は 2 よりも大きい数として，n 乗数，すなわち x^n という形の数を二つの数の和に分けることはできないという命題はディオファントスを越えている**．ディオファントスは直角三角形から離れようとしないが，フェルマはディオファ

ントスに学びつつ,同時に軽々とディオファントスを越えてしまうのである.実際,フェルマの大定理には幾何学的なイメージはまったく伴っていない.

不定方程式論はなぜ数論でありうるかという論点を考えながら「直角三角形の基本定理」を語ってきたが,オイラーの証明に「フェルマの小定理」が使われているのは真にめざましい事実であった.オイラーの1738年の論文［E26］「フェルマの定理とそのほかの注目すべき諸定理に関するさまざまな観察」の表題を見ると,ここにはすでにフェルマの名が現れている.オイラーは100年の昔に「欄外ノート」や書簡の形でそこはかとなく構築されたフェルマの数論的世界を受け止めて,「証明のない諸命題に証明を与える」という行為を通じて再構築を志したのであろう.フェルマの数論には何かしらオイラーの心を強く引きつける魅力があったのである.数論のはじまりということに視線を向けると,ディオファントスからフェルマへ,フェルマからオイラーへと続く2本の線がひと続きにつながって,数論の泉がここに出現したという感慨に襲われるのである.

しばらくフェルマの小定理に関連する話を続けたいと思う.1640年6月にメルセンヌに宛てて書かれたと推定されるフェルマの手紙(第40書簡.『フェルマ著作集』,第2巻,195–199頁)を見ると,フェルマは数2の冪を次々と作り,さらにそれらの各々から1を差し引いて,数列

$$1, 3, 7, 15, 31, 63, 127, 255, 511, 1023, 2047, 4095, 8191, \cdots$$

を書き下した.これらはみな $2^n - 1$ という形の数である.このとき,フェルマは,

冪指数 n が合成数なら,$2^n - 1$ もまた合成数である.

と言明した．たとえば，63 に対応する冪指数は 6 で，合成数であるから，63 もまた合成数であることになる．

以下，

$$S_n = 2^n - 1$$

と表記する．2^n の約数を書き並べると，$1, 2, 4, \cdots, 2^{n-1}$ となるが，これらを加えると，

$$1 + 2 + 4 + \cdots + 2^{n-1} = 2^n - 1 = S_n$$

となり，S_n が得られる．

次に，フェルマは，

> 冪指数 n が素数なら，対応する数 $2^n - 1$ から 1 を差し引いた数，すなわち $2^n - 2$ は，冪指数の 2 倍，すなわち $2n$ で割り切れる．

と主張した．たとえば，冪指数 7 は素数で，これに対応する数は 127 だが，ここから 1 を差し引くと 126 になる．これは冪指数 7 の 2 倍，すなわち 14 で割り切れる．

フェルマの第 3 の言明は，

> 冪指数 n が素数なら，対応する数 $2^n - 1$ の素因数は，冪指数の 2 倍もしくは冪指数の 2 倍の倍数に 1 を加えた数，すなわち $2nx + 1$ という形の数以外ではありえない．

というものである．いくぶん複雑な印象があるが，たとえば，冪指数 11 は素数であり，対応して 2047 が見つかる．$2nx + 1 = 22x + 1$ という形の数というと，$23, 45, 67, 89$ が見つかるが，45 は素数ではない．23 と 67 と 89 は素数であるから，2047 の素因数はこれら以外にはないことになるが，試し

てみると等式 $2047 = 23 \times 89$ が得られる．2047 が 67 で割り切れないことはすぐにわかるから，2047 の素因数は 23 と 89 の二つである．

このような三つの命題を挙げた後に，フェルマは

> これらは私が発見し，易々と証明した三つのきわめて美しい命題です．（『フェルマ著作集』，第 2 巻，198 頁）

と言い添えた．これらの命題はどれもディオファントスとは無関係である．

1640 年 6 月のメルセンヌ宛の書簡には，

1, 2, 3, 4, 5, 6, 7, 8, 9, 10, 11, 12, 13, ⋯
1, 3, 7, 15, 31, 63, 127, 255, 511, 1023, 2047, 4095, 8191, ⋯

という 2 重数列が書き留められている．上部の数列は自然数列で，対応する下部の数列の一般項は $S_n = 2^n - 1$ である．フェルマは**完全数の根**と呼んだ．「根」の原語はフランス語の radical で，代数方程式の代数的解法の際に現れる「冪根」と同じである．完全数，すなわち「自分自身を除く約数の総和に等しい数」がどうしてこのようなところに出てくるのかといえば，「もし $2^n - 1$ が素数なら，それは完全数を作り出すから」とフェルマは言うのである．ユークリッドの『原論』に記されている事実を踏まえた発言である．

S_n が素数なら積 $S_n \times 2^{n-1}$ は完全数になるが，このような意味において S_n には完全数を作り出す力が備わっている（本書，17 頁参照）．そこでフェルマは「素数である S_n」を指して，「完全数の根」と呼んだのである．フェルマはユークリッドの『原論』を踏まえ，一般に完全数の根ではない S_n，言い

換えると素数とは限らない S_n に着目した．瞠目に値するのはこの点である．フェルマが発見した「三つの美しい命題」はディオファントスとは関係がないが，さらに遠くユークリッドの影が射しているのである．

フェルマ数

数 2 の冪に関連して，フェルマは $2^{2^x}+1$ という形の数を考察した．冪に冪が重なって少々見にくいが，2^x は一般に 2 の冪を表す記号で，x は 0 も含めて自然数を表している．その冪それ自身がまた冪指数になって 2 の肩に乗っているのが 2^{2^x} という数で，さらに 1 を加えた数が $2^{2^x}+1$ である．はじめのいくつかを並べると，$3, 5, 17, 257, 65537, 4294967297$ というふうになるが，4 番目あたりから急速に大きくなり始め，6 番目の数はすでに 10 桁である．もうひとつ先の 7 番目の数は

$$18446744073709551617$$

で，20 桁という大きな数である．

このような形の数に対し，フェルマは，

$2^{2^x}+1, x=0,1,2,3,\cdots$ という形の数はどれもみな素数である．

と言明した．ただし，例によって証明は欠けている．典拠は「欄外ノート」ではなく書簡で，1640 年 8 月（推定）のフレニクル宛書簡（第 43 書簡．『フェルマ著作集』，第 2 巻，205–206 頁），同年 10 月 18 日付のフレニクル宛書簡（第 44 書簡，同上，206–212 頁），同年 12 月 25 日付のメルセンヌ宛書簡（第 45 書簡．同上，212–217 頁），それに後年のことにな

るが，1654 年 8 月 29 日付のパスカル宛書簡の中で語られている．一番早いのは 1640 年 8 月（推定）のフレニクル宛書簡で，そこには「私は厳密な証明をもっていません」（同上，206 頁）という発言も認められる．14 年後の 1654 年 8 月 29 日付のパスカル宛書簡（第 73 書簡．同上，307–310 頁）でも，

> 証明は非常にむずかしく，まだ証明を完全に見つけることはできないことを，あなたに正直にお伝えします．（同上，309–310 頁）

とフェルマは告白した．

今日では $2^{2^x}+1$ という形の数は**フェルマ数**と呼ばれている．もしフェルマの予測が正しいなら，フェルマ数はすべて素数であることになるから，「フェルマ素数」という呼称が正当性をもつが，6 番目のフェルマ数は素数ではなく，641 で割り切れて，等式

$$2^{32}+1 = 4294967297 = 641 \times 6700417$$

が成立する．因子 641 を見つけたのはオイラーである．その次の 20 桁のフェルマ数 2^{64} も素数ではなく，

$$18446744073709551617 = 274177 \times 67280421310721$$

と分解される．

フェルマの予想はまちがっていたが，素数が生成される様式に関心が寄せられている様子ははっきりと見て取れる．素数への着目は古代ギリシアにも見られ，ユークリッドの『原論』にも「無限に多くの素数が存在する」ことが示されているが，せいぜいその程度のことで，素数が生成される仕方に何かしら規則的な様式が観察されるのではないかなどと考えられた痕跡は

見あたらない．フェルマ数に着目して，すべてのフェルマ数は素数であると言明したフェルマは，それだけですでに古代ギリシアを越えた場所に立っているのであり，ギリシアから出てギリシアを越えようとするところに，西欧近代の数学の黎明が感知されるのである．

大きな素数

　フェルマ数はすべて素数であるとフェルマは言明したが，この予想に最初に関心を寄せたのもまたオイラーであった．オイラーは論文［E26］「フェルマの定理とそのほかの注目すべき諸定理に関するさまざまな観察」（1738年）において「フェルマの小定理」とその一般化を語ったが，この論文で真っ先に語られているのは，実は「すべてのフェルマ数は素数である」というフェルマの言葉を否定することであった．実際，前述のように，第6番目のフェルマ数 $2^{32}+1$ の素因数 641 を見つけたのはオイラーである．ここまで大きな数になると素数か否かの判定は容易ではないが，オイラーは「非常に大きな数が素数か否かを判定すること」に関心を寄せて，何篇かの論文を書いている．判定は一般に非常に困難で，上記の $2^{32}+1$ の因子 641 にしてもたまたま見つかったということはありえず，何らかのアイデアが不可欠である．

　関連する論文をいくつか挙げると，

　　［E283］「非常に大きな素数について」（1764年）

では，a^2+1 という形の数が取り上げられて，素数か否かの判定法が論じられた．a^2+1 という形の数は「二つの平方数の和」であるから，オイラー自身が論文［E228］（63頁参照）で

示したように，その奇約数はつねに二つの平方数の和の形に表される．この事実を土台にして考察を重ねていく．論文の末尾に 1 から 1500 までのあらゆる a に対して，a^2+1 の素因数分解の一覧表が掲載されていて，それによれば，たとえば

$$1494^2 + 1 = 2232037$$

は素数であることが判明する．

論文

[E369]「非常に大きな数が素数か否かは，どんなふうにして探知するべきなのであろうか」(1769 年)

でも「大きな素数」が探索された．

「直角三角形の基本定理」によると，「4 で割ると 1 が余る素数」はただひと通りの仕方で二つの平方数の和に分けられる．このような分解は素数でなくてもありうるが，その場合には分解の仕方の一意性が破綻してしまう．そこで，もし「4 で割ると 1 が余る数」が二通りの仕方で二つの平方数の和に分けられたなら，その数は素数ではないことになるが，これを素数の判定に利用すると 3861317, 10091401 は素数であることがわかる．1000009 は素数ではないが，その理由は，

$$1000009 = 1000^2 + 3^3 = 972^2 + 235^2$$

というふうに 2 通りの仕方で二つの平方数に分解されるからである．この事実は論文

[E699]「数 1000009 が素数か否かが吟味される」(1797 年)

で示されているが，どうしてわざわざ「素数ではない数」が吟

味の対象になったのかというと,オイラーは 1000009 を素数と思ったことがあるからである.論文

> [E467]「100 万まで,おおよそ 100 万を超える地点まで続く素数表.あらゆる非素数の最小の約数を併記する」(1775 年)

を参照すると,素数表の中に 1000009 も記入されている.

[E467] は 1775 年に学術誌に掲載された.オイラーが亡くなったのは 1783 年 9 月 18 日であるから,この時点ではまだ健在である.オイラーはまちがっていたのだが,自分でも気づいて訂正したのが 1797 年の論文 [E699] である.公表されたのはオイラーの没後のことである.

オイラーは「直角三角形の基本定理」の延長線上で**適合数**というものを考察した.[E498]「1778 年 5 月のオイラー氏のベゲリン氏宛書簡の抜粋」(1779 年)はオイラーの手紙の抜粋である.ある数 n が与えられたとして,2 次式 $nx^2 + y^2$ は次のような性質を備えているとする.

> 式 $nx^2 + y^2$ によってただひと通りの仕方で表される奇数は必ず素数である.

オイラーはこのような性質をもつ数 n を「適合数」と名づけた.$n = 1$ のときは式 $x^2 + y^2$ が現れる.この式で表される奇数は「4 で割ると 1 が余る数」に限定され,しかも直角三角形の基本定理によると,それが素数であれば表示の仕方はただひと通りである.したがって数 1 は適合数である.

オイラーは 65 個の適合数を挙げた.それらのうち最大の適合数は 1848 である.そこで式 $1848x^2 + y^2$ によりただひと通

りの仕方で表される奇数を採集していくと，下記のような非常に大きな素数が見出だされる．

1016401, 1103257, 1288057, 1487641, 1702009, 2995609, 4658809, 9094009, 11866009, 18518809

次に挙げる4篇の論文では適合数をめぐっていろいろな論点が取り上げられている．みなオイラーの没後に公表された論文である．

[E708]「吟味されるべき素数に適合する $mxx+nyy$ という形の式およびそれらの式の驚くべき諸性質について」(1801年)

[E715]「非常に大きな数が素数か否かを調べるためのさまざまな方法について」(1802年)

Moyennant cette regle j'ai été en état de trouver avec assez de facilité toutes les valeurs qu'on peut donner à la lettre n, pour que tout nombre contenu d'une seule façon dans la forme $nxx+yy$ puisse être censé premier. Voici ces valeurs:

1	16	48	120	312
2	18	57	130	330
3	21	58	133	345
4	22	60	165	357
5	24	70	168	385
6	25	72	177	408
7	28	78	190	462
8	30	85	210	520
9	33	88	232	760
10	37	93	240	840
12	40	102	253	1320
13	42	105	273	1365
15	44	112	280	1848

Ces nombres, qui, loin d'être semés au hazard, ont une loi de progression, qui est assez évidente lorsqu'on parcourt toutes les exclusions suc-

「1778年5月のオイラー氏のベゲリン氏宛書簡の抜粋」より．65個の適合数が並んでいる．

[E718]「きわめて多くの非常に大きい素数を見つけるための最も容易な方法」(1805 年)

[E719]「十分に大きな任意の数が素数か否かを吟味するためのいっそう一般的な方法」(1805 年)

[E718] では適合数 232 が取り上げられて,式 $232a^2+1$ はいつ素数を表すかという問題が論じられている.[E719] では三つの適合数 30, 57, 1848 を取り上げて,$30 = 10 \times 3, 57 = 3 \times 19, 1848 = 1848 \times 1$ と表されることに着目して,三つの数

$$100003 = 10 \times (100)^2 + 3 \times 1^2$$
$$1000003 = 3 \times (577)^2 + 19 \times 8^2$$
$$18518809 = 1848 \times (100)^2 + (197)^2$$

は素数であることが示された.

オイラーはこんなふうにして「大きな素数」を次々と見つけていったが,出発点は「直角三角形の基本定理」であったことを思えば感慨もまた新たである.

次の論文もオイラーの没後に公表された.

[E725]「適合数もしくは合同数の系列に関するあるパラドックスの解明」(1806 年)

オイラーは 1848 よりも大きい適合数を求めて 10000 を越える地点にまで歩を進めたが,新しい適合数は見つからなかった.既知の適合数はわずかに 65 個で,しかもこれだけしか存在しないかのような印象がある.オイラーはこの事態に驚嘆し,それをパラドックスと呼んだのである.

大きな素数に関連して,もうひとつのオイラーの言葉を紹介しておきたいと思う.

[E461] オイラー氏のベルヌーイ氏宛書簡の抜粋（1774 年）

オイラーはここで，$2^{31} - 1 = 2147483647$ という数は素数であることを示した．これはオイラーの時代に知られていた最大の素数である．ただし，この事実をはじめて主張したのはフェルマであるとオイラーは言うが，フェルマの著作集などを眺めてもそのような記述は見あたらない．前に紹介したように，フェルマは

> 冪指数 n が素数なら，対応する数 $2^n - 1$ の素因数は，冪指数の 2 倍もしくは冪指数の 2 倍の倍数に 1 を加えた数，すなわち $2nx + 1$ という形の数以外ではありえない．

という言明を残しているが，これが正しいとすれば，$2^{31} - 1$ の素因数は $62x + 1$ という形であることになる．そこでそのような数を書き並べていって，$2^{31} - 1$ はそれらの数のどれでも割り切れないことを確認すれば，$2^{31} - 1$ は素数であることがわかったことになる．オイラーはフェルマの言葉の一部分をそのように理解して，証明に成功したのであろう．

［E26］（66 頁参照）は数論の領域におけるオイラーの最初の論文であり，ここで取り上げられたのがすでにフェルマ数であったというのは実に興味の深い事実である．フェルマ数は 6 番目あたりから急速に大きくなっていき，素数であるか否かの判定が困難になっていく．その様子を目の当たりにして，オイラーは「大きな素数」に関心を寄せるようになったのであろう．大きな素数への関心もまたフェルマの言葉に由来することに，あらためて注意を喚起しておきたいと思う．

XLV (p. 338-339).

[Ad problema XX commentarii in ultimam quæstionem Arithmeticorum Diophanti.

BACHETUS : Invenire triangulum rectangulum, cujus area sit datus numerus. Oportet autem ut quadratus areæ duplicatæ, additus alicui quadratoquadrato, faciat quadratum.

Area trianguli rectanguli in numeris non potest esse quadratus.

フェルマ「欄外ノート」の第 45 番目の記事「数直角三角形の面積は平方数ではありえない」

直角三角形の面積は平方数ではありえない

　フェルマの言葉に立ち返りたいと思う．ディオファントスの数論は直角三角形に関係のあるものが多いが，ディオファントスに触発されたためか，フェルマもまた直角三角形から多くのテーマを採取した．「欄外ノート」の第 45 番目（『フェルマ著作集』，第 1 巻，340–341 頁）もそのひとつで，フェルマは，

　　数直角三角形の面積は平方数ではありえない．

と言明した．直角三角形の三つの辺は「数」，すなわち自然数で表されるのはこれまでのとおりである．この言明はディオファントスに対してというよりも，バシェが提示した問題に対するもので，バシェの問題というのは，

　　その面積が与えられた数になる直角三角形を求めよ．

というものである．したがってフェルマは，「与えられた数が平方数の場合には，バシェの問題は解けない」ということを主張したことになる．

　珍しいことにフェルマは証明のあらすじも語っている．たいへんな苦心を払ったようで，「困難で苦労の多い思索なしに見

ルジャンドル『数の理論のエッセイ』初版（1798年）の表紙

つけたのではない」（同上，340頁）などとわざわざ書き記したほどである．そのうえ「この種の証明は数の理論においてすばらしい進歩をもたらしてくれるであろう」（同上）とも言い添えているのであるから，興味はますます深まるのである．「数の理論」の原語はラテン語の arithmetica（アリトメチカ）だが，フランス語訳を見ると la science des nombres（数の学問）という言葉があてられている．ルジャンドルの著作『数の理論のエッセイ』の表題に見られる la théorie des nombres（数の理論）に通う言葉である．

フェルマの言葉に追随して45番目の「欄外ノート」の証明のスケッチを追ってみたいと思う．書き出しの一文は次のとおり．

> もしある［直角］三角形の面積が平方数であるとするなら，その差が平方数であるような二つの4乗数が与えられる．（同上）

これを確認するために指定された諸状勢を書き出していく．まず直角三角形の直角をはさむ 2 辺を a, b とすると，この直角三角形の面積は $\dfrac{ab}{2}$ となる．これを平方数 n^2 と等値して，等式

$$\frac{ab}{2} = n^2$$

が生じる．また，直角三角形の斜辺を c で表すと，ピタゴラスの定理により，等式

$$a^2 + b^2 = c^2$$

が成立する．

これだけを手にしたうえで式変形を行うと，等式 $(a^2 + b^2)^2 - 4a^2b^2 = c^4 - (2n)^4$ が得られる．しかも，この等式の左辺は $(a^2 - b^2)^2$ となり，平方数である．そこで二つの 4 乗数 $X = c^4, Y = (2n)^4$ を作ると，その差は

$$X - Y = (a^2 - b^2)^2$$

と平方数になり，「その差が平方数になる二つの 4 乗数」が確かに見つかった．フェルマの言葉のとおりである．

簡単な式変形にすぎないが，何らかの見通しがなければできないことでもあり，その見通しを立てるのは決して容易ではない．

無限降下法

フェルマの言葉を続けよう．

> これより，和と差がともに平方数であるような二つの平方数が与えられる，という事実が帰結する．それゆえ，ある

平方数と，もうひとつの平方数の 2 倍とを用いて［それらを加えることにより］作られる平方数が与えられる．その際，その平方数を作るのに使われる二つの平方数には，［それらを加えると］平方数が作られるという条件が附随する．（同上）

論証の続き．二つの 4 乗数 $X = c^4, Y = (2n)^4$ を考えると，その差は $X - Y = (a^2 - b^2)^2$ で，平方数になる．これによって，「和と差がともに平方数であるような二つの平方数が与えられる」というのがフェルマの主張である．フェルマのいう二つの平方数とは c^2 と $(2n)^2$ のことであろう．実際,

$$c^2 + (2n)^2 = (a+b)^2, \qquad c^2 - (2n)^2 = (a-b)^2$$

となる．そこで平方数 $W = (a-b)^2$ をとり，この平方数と，もうひとつの平方数 $Z = (2n)^2$ の 2 倍，すなわち $2Z = 8n^2$ を加えると,

$$W + 2Z = (a-b)^2 + 8n^2 = (a-b)^2 + 4ab = (a+b)^2$$

となり，平方数が与えられる．しかも，この平方数を作るのに使われる二つの平方数，すなわち W と Z を加えると，$W + Z = (a-b)^2 + 4n^2 = c^2$ となり，これもまた平方数である．ここまではすべてフェルマの言葉のとおりである．

これに続くフェルマの言葉には大きな問題が宿っている．

ところが，もしある平方数があるひとつの平方数と，もうひとつの平方数の 2 倍とを用いて［それらを加えることにより］作られるとするなら，たやすく証明されるように (ut facillime possumus demonstrare)，その平方数の平方根もまた，あるひとつの平方数と，もうひとつの平方

数の 2 倍を用いて［それらを加えることにより］作られる．（同上）

フェルマは「たやすく証明される」と言うが，実際にはやさしいとは言えない．後年のオイラーの論文

[E256]「純粋数学における観察の有益さの模範例」（1761 年）

を参照すると，

a と b は互いに素とするとき，$2a^2+b^2$ という形の数の約数はどれもみな同じ形に表される．

という命題が目に留まる．特に $2a^2+b^2$ という形の数が平方数であれば，その平方根は当然のことながら約数であるから，同じ形に表されることになる．同じ形というのは「ある平方数と，もう一つの平方数の 2 倍との和の形」という意味である．

オイラーは「直角三角形の基本定理」の証明にあたり，「a と b は互いに素とするとき，a^2+b^2 という形の数の約数は同じ形に表示される」という命題を確立し，それを梃子にして「直角三角形の基本定理」を証明したが，なお一歩を進めて $2a^2+b^2$ という形の数についても同様の現象を観察したことになる．しかも，その契機はすでにフェルマ自身の言葉に現れていたことも諒解される．

上記の命題に対するオイラーの証明は無限降下法で行われたが，この点も注目に値する．なぜなら，無限降下法はフェルマが編み出した証明法だからである．

無限降下法（続）

フェルマの「欄外ノート」の第45番目の記事を続ける．だんだん意味を汲みにくくなっていくが，ひとまず最後まで読んでみたいと思う．

> これより，その平方根はある直角三角形の直角をはさむ2辺の和であること，およびその平方根を作るのに使われる二つの平方数のうち，一方は底辺をなし，もう一方の平方数の2倍は垂直辺に等しいという事実が帰結する．
>
> したがってこの直角三角形は，和と差が平方数である二つの平方数を用いて作られることになる．しかしそれらの二つの平方数自体は，和も差もともに平方数を作るとされたはじめの二つの平方数よりも小さいことが確かめられるであろう．それゆえ，もし和と差が平方数を作る二つの平方数が与えられたなら，同じ性質を備えた二つの平方数の和であって，しかも［与えられた二つの平方数の和よりも］小さいものが与えられることになる．
>
> 同じ推論により，先ほど得られた和よりも小さい和が与えられる．それは，先ほどの和を元にして見つかる和である．そうしてつねに，同じ特徴を顕わにしながら次々と小さくなっていく無限に多くの数が見出だされるであろう．このようなことはありえない．なぜなら，**何かある数が与えられたとき，それよりも小さい無限に多くの数（infiniti in integris illo minores）を与えるのは不可能**だからである．（同上）

無限降下法と呼ばれる独自の証明法がはっきりと語られている．上記の引用に続いて，フェルマは「余白が狭すぎて，詳

細に説明が尽くされた完全な証明を書き留めるゆとりがない（Demonstrationem integram et fusius explicatam inserere margini vetat ipsius exiguitas）」（同上，341 頁）という，得意の文言を書き添えた．

フェルマは「面積が平方数になる直角三角形は存在しない」と言明し，そのうえ証明のスケッチさえ，書き残した．途中までフェルマの言葉に追随し，後半はフェルマの言葉をそのまま紹介するだけに留まったが，細部を詰めていくのはそれほど容易ではなさそうである．それでも表明された事実そのものは興味深く，そのうえ無限降下法という，フェルマに独自の証明法が語られているところにも心を惹かれる．ルジャンドルもそう思ったようで，1798 年の著作『数の理論のエッセイ』で取り上げて，フェルマの証明の再現を試みた．

ルジャンドルの『数の理論のエッセイ』の第 4 部の表題は「さまざまな方法と研究」．その第 1 節は「数の冪に関する諸定理」で，真っ先に取り上げられているのは「整数で作られている直角三角形の面積は平方数ではありえない」という命題である．次に引くのは第 1 節の冒頭で語られているルジャンドルの言葉である．

> われわれはこれからある方法のさまざまな応用を与えるが，その方法は，数の冪に関するいくつかの否定的命題の証明を可能にしてくれる方法としては，これまでのところ唯一のものである．それゆえ，この方法は特別の注意を払うだけの値打ちがある．（『数の理論のエッセイ』，初版，401 頁）

ルジャンドルが語っている「ある方法」というのは無限降下法のことにほかならない．

> この方法のねらいは次のようなことを示すことにある．すなわち，その存在を否定したいと思う性質が，もしある大きな数に対して認められるとするなら，より小さい数に対してもやはりその性質が認められるということである．この第1の論点が確立されたなら，そのとき命題は証明されたことになる．なぜなら，命題の主張と反対の事態が起こるためには，減少していく整数（註．想定されているのは正の整数，すなわち自然数である）の系列がどこまでも限りなく続いていくということがありうることになるが，そのような事態には矛盾が内包されているからである．（同上）

ここには無限降下法というもののエッセンスが語られている．

> フェルマは，ディオファントスに対する種々の註釈のひとつにおいて，この方法をはじめて指し示した．その註釈において，フェルマは，整数で作られている直角三角形の面積は平方数ではありえないことを証明している．その後，オイラーはその方法のさまざまな応用を繰り広げ，それらを『代数学［完全］入門』，第2巻にきわめて明晰に書き記した．（同上）

オイラーの著作『代数学完全入門』（1770年）は全2巻で編成されている．

ルジャンドルの証明

ルジャンドルはフェルマが書き留めた証明のスケッチに追随して，精密な証明にしようとしている．そこで，しばらくル

ジャンドルの言葉を追いたいと思う.

ルジャンドルにならって直角三角形の 3 辺を x, y, z とし，斜辺を x とする．ピタゴラスの定理により $x^2 = y^2 + z^2$. また，面積は平方数とされているから，それを e^2 で表す．すなわち，等式 $\dfrac{yz}{2} = e^2$ が成立する．

まず「x, y, z はすべて偶数」ではないものとしてさしつかえないことを示す．すべて偶数と仮定して，三つの数に共通して含まれる 2 の冪を括り出して $x = 2^t x', y = 2^t y', z = 2^t z'$ と置き，「x', y', z' はすべて偶数」ではないというふうにする．このとき，$x'^2 = y'^2 + z'^2$ となることはすぐにわかるが，y' と z' に着目すると，一方は奇数であり，他方は偶数である．なぜなら，もし両方とも偶数なら x' もまた偶数になってしまい，矛盾が生じる．もし両方とも奇数なら，$y'^2 + z'^2$ は $4n + 2$ という形になるが，このような形の数は平方数ではありえないから，やはり矛盾に逢着する．

x', y', z' の間にはピタゴラスの定理が成立するから，これらの数は直角三角形の三辺になる．斜辺は x' である．面積はどうかというと，

$$\frac{y'z'}{2} = \left(\frac{1}{2^t}\right)^2 \times \frac{yz}{2} = \left(\frac{e}{2^t}\right)^2$$

となるが，y' と z' のどちらかは偶数なのであるから，この面積は自然数で，しかも平方数になっている．そこではじめから，$x^2 = y^2 + z^2$ において，y と z の一方は奇数，他方は偶数と仮定しておいてさしつかえない．

等式 $x^2 = y^2 + z^2$ において y と z の一方は奇数，他方は偶数と仮定するところまで話が進んだ．この等式を不定方程式と見ると，一般解はもうわかっていて，

$$x = a^2 + b^2, \quad y = a^2 - b^2, \quad z = 2ab \quad (a > b)$$

という形になる．そこでこの形を出発点にすることにする．以下，$a > b$ として議論する．まず，a と b は互いに素としておいてさしつかえない．なぜなら，a と b は互いに素ではないとすると，最大公約数を θ とするとき，3辺 $a^2+b^2, a^2-b^2, 2ab$ はすべて θ^2 で割り切れる．面積は $ab(a^2-b^2)$ だが，これは θ^2 で割り切れる．しかも $a = a'\theta, b = b'\theta$ と置くと，a' と b' は互いに素である．$ab(a^2-b^2) = a'b'(a'^2-b'^2)\theta^4$ となるが，この面積は平方数なのであるから $a'b'(a'^2-b'^2)$ もまた平方数である．そこで a, b, c の代りに a', b', c' を用いることにすればよいことになる．

そこで，はじめから面積 $A = ab(a^2-b^2)$ は平方数で，a と b は互いに素としておくことにする．このとき，a と a^2-b^2 は互いに素で，b と a^2-b^2 もまた互いに素であるから，三つの数 a, b, a^2-b^2 はどれも必然的に平方数であるほかはない．そこで，$a = m^2, b = n^2$ と置くと，$a^2 - b^2 = m^4 - n^4$ は平方数である．因数分解を遂行すると，$m^4 - n^4 = (m^2+n^2)(m^2-n^2)$ となるが，a と b が互いに素である以上，m と n もまた互いに素であるから，m と n の一方は偶数，他方は奇数である．なぜなら，もし両方とも奇数なら $a^2+b^2, a^2-b^2, 2ab$ はみな偶数になってしまい，矛盾が生じるからである．

ルジャンドルの証明（続）

ルジャンドルの証明を続ける．m と n の一方は偶数で他方は奇数であることが明らかになったから，m^2+n^2 と m^2-n^2 はどちらも奇数である．しかも互いに素である．なぜなら，もし m^2+n^2 と m^2-n^2 が公約数 θ をもつとすれば，θ は奇数

であるほかはないが，しかも同時に $2m^2$ と $2n^2$ の約数でもある．よって θ は m^2 と n^2 の公約数であることになってしまい，矛盾が生じる．

積 $m^4 - n^4 = (m^2 + n^2)(m^2 - n^2)$ は平方数で，$m^2 + n^2$ と $m^2 - n^2$ は互いに素であるから，$m^2 + n^2$ と $m^2 - n^2$ は各々がそれ自身平方数であることになる．$m^2 + n^2 = p^2, m^2 - n^2 = q^2$ と置くと，$n^2 + q^2 = m^2, 2n^2 + q^2 = p^2$．ここで前に出てきた議論を繰り返すと，$p$ は $2n^2 + q^2$ という形の数の約数であるから，それ自身がそのような形になることがわかる．そこで $p = f^2 + 2g^2$ と置くと，等式

$$q^2 + 2n^2 = (f^2 + 2g^2)^2$$

が成立する．

ルジャンドルはここで意外な議論を展開する．すなわち，等式 $q^2 + 2n^2 = (f^2 + 2g^2)^2$ は，

$$q + n\sqrt{-2} = (f + g\sqrt{-2})^2$$

とすれば成立するというのである．唐突に虚数に出会うのはいかにも不思議だが，ひとまずこれを受け入れれば，

$$q - f^2 - 2g^2, \qquad n - 2fg$$

という表示が得られる．このようなところにどうして虚数 $\sqrt{-2}$ が出現するのであろうか．

虚数を経由して得られた結論は正しいとしても，虚数を用いて因数分解を進めていくあたりは無条件で許容するわけにはいかず，もう少し補足事項を書き添えたいところである．この「虚数を経由する」というアイデアの由来も気に掛かるが，これは実はオイラーのアイデアであり，オイラーの著作『代数

学完全入門』の第 2 巻に叙述されている．ルジャンドルはオイラーに学んだのであろう．

数論の場への虚数の導入ということであれば，即座に念頭に浮かぶのはガウスである．他方，オイラーにはオイラーの数学的課題があり，その解決のためにオイラーはしばしば虚数の力を借りた．それならガウスもまたオイラーに学んだのであろうかという，興味の深い数学史的な問題がここに浮上する．

この論点はひとまず措いてルジャンドルの論証を続けることにして，$q = f^2 - 2g^2, n = 2fg$ を $q^2 + n^2 = m^2$ に代入すると，等式 $f^4 + 4g^4 = m^2$ が得られる．これは，三つの数 $f^2, 2g^2, m$ はある直角三角形の三辺でありうることを示している．m^2 が斜辺である．その直角三角形の面積 A' を算出すると，$A' = f^2 g^2$ となるが，これを元の直角三角形の面積 A と比較する．

$$A = (m^4 - n^4)m^2 n^2 = 4f^2 g^2 (f^2 - 2g^2)^2 (f^2 + 2g^2)^2 (f^4 + 4g^4)$$

となる．ここで，相加相乗平均に着目して，

$$f^2 - 2g^2 = q > 1, \qquad (f^2 + 2g^2)^2 > 8f^2 g^2,$$
$$f^4 + 4g^4 > 4f^2 g^2$$

となることに留意すると，不等式 $A > 128 f^6 g^6 = 128 A'^3$ が得られる．これより

$$A' < \left(\frac{A}{128}\right)^{1/3}$$

となり，元の直角三角形の面積 A と新たに作られた直角三角形の面積 A' の大きさの関係が判明する．A に比べて A' はだいぶ小さくなっている．

このような手順を繰り返していくと，第 2, 第 3, $\cdots$ の直角三角形が次々と作られていって，しかもそれらの面積はどこ

までも減少していく．これを言い換えると，限りなく減少していく自然数の無限系列 $A, A', A'', \cdots$ が見つかるということである．実際にはそのようなことはありえないから，ここにおいて矛盾に逢着したのである．この矛盾は「面積が平方数の直角三角形が存在する」という仮定に由来するのであるから，これで，この仮定はまちがっていたことが明らかになった．このような証明法が無限降下法である．

副産物のあれこれ

虚数 $\sqrt{-2}$ を経由するという，いくぶん神秘的な道筋をたどることにより，等式 $q^2 + 2n^2 = p^2$ から $p = f^2 + 2g^2, q = f^2 - 2g^2, n = 2fg$ という表示が導出された．等式 $q^2 + 2n^2 = p^2$ を不定方程式と見れば，この不定方程式の一般解が求められたと見ることも可能である．これは虚数を利用しなくとも簡単に導出することができる．

等式 $q^2 + 2n^2 = p^2$ より，

$$n^2 = \frac{(p-q)(p+q)}{2} = 2 \times \frac{p-q}{2} \times \frac{p+q}{2} \quad (p > q)$$

となるが，p と q はどちらも奇数であるから $p+q$ と $p-q$ はともに偶数．それゆえ，$\dfrac{p-q}{2}$ と $\dfrac{p+q}{2}$ は自然数である．しかも，それらは互いに素である．なぜなら，

$$\frac{p-q}{2} = u, \qquad \frac{p+q}{2} = v$$

と置くと，$p = v + u, q = v - u$ となるが，もし u, v が公約数をもつなら，p, q もまた公約数をもつことになってしまうからである．これに加えて積 $2uv$ は平方数 n^2 になるから，u, v のどちらかは偶数でなければならない．そこで，たとえば u の

ほうが偶数として $u=2t$ と置くと，$n^2=4tv$ という形になり，t と v は依然として互いに素である．それゆえ t,v はどちらもそれぞれ平方数であるほかはない．そこで $t=g^2, v=f^2$ と置くと，$\dfrac{p-q}{2}=2g^2, \dfrac{p+q}{2}=f^2$ となり，ここから二つの等式 $p=f^2+2g^2, q=f^2-2g^2$ が得られる．ここから先はルジャンドルの論証と同じである．

この証明なら「p^2+2q^2 という形の数の約数は同じ形に表示される」という事実を受け入れたり，$\sqrt{-2}$ のような虚数を経由したりしなくても証明の道が通るが，いかにも退屈な道筋であり，おもしろさはない．

「面積が平方数の直角三角形は存在しない」という命題の証明の副産物として，いろいろなことがわかる．たとえば，

m^4-n^4 という形の数は平方数ではありえない．

f^4+4g^4 という形の数は平方数ではありえない．

ただし，自明な場合は除外する．自明な場合というのは，前者でいうと $m=n$ の場合や $n=0$ の場合のことで，後者では $f=0$ または $g=0$ の場合が該当する．

前者の命題の特別の場合として，不定方程式

$$m^4-n^4=l^4$$

は，自明な解を除いて解をもたないことがわかる．ところがこれは「不定方程式 $x^n+y^n=z^n$ は，$n>2$ のとき，（自明な解を除いて）解をもたない」という「フェルマの大定理」の特別の場合（$n=4$ の場合）にほかならない．それならフェルマは $n=4$ の場合においてフェルマの大定理の証明をもっていたと言えそうであり，しかもその証明法は無限降下法なのであった．

次の命題も導かれる．

不定方程式 $x^4+y^4=2p^2$ は $x=y$ の場合以外には解をもたない．

これもおもしろい命題である．ここで提示された不定方程式は，

$$p^4 - x^4 y^4 = \left(\frac{x^4-y^4}{2}\right)^2$$

と変形される．提示された方程式に解 x, y, p があるとすれば，x と y は「ともに偶数」であるか，あるいは「ともに奇数」であるかのいずれかであり，いずれにしても $\left(\dfrac{x^4-y^4}{2}\right)^2$ は整数で，$p^4 - x^4 y^4$ が平方数であることを示している．ところが，このような事態がありえないことは前の命題で示されたとおりである．

無限降下法の応用ということを考えるのであれば，さらにいろいろなことが示される．ルジャンドルは次の命題を挙げている．

　　二つの4乗数の和は平方数ではありえない．ただし，それらの4乗数の一方が0の場合は例外である．

不定方程式の言葉で表記すると，この命題では，

$$x^4 + y^4 = z^2$$

という不定方程式が考えられていることになる．この方程式は $x=0$ または $y=0$ という自明な場合には解をもつが，これらを除外すると解をもたないというのである．

この命題はフェルマの「欄外ノート」の第33番目（『フェルマ著作集』，第1巻，327頁）に記されている．フェルマの言葉をそのまま紹介すると，

> 彼はなぜ,和が平方数となる二つの4乗数を探さないのであろうか」それは,われわれの方法により疑いの余地なく示されるように,この問題が不可能だからである.(同上.「彼」はディオファントス)

というふうになる.オイラーの『代数学完全入門』に証明が記されている.この命題はフェルマの言葉のとおりに受け取れば「数の理論」そのものだが,ごく自然に不定方程式の言葉に移されていく.

具体例を通じて一般的解法を知る

フェルマの「欄外ノート」の第33番目の記事は,ディオファントスの『アリトメチカ』の第5巻,問題32に対して書き留められた.ディオファントスの問題32は次のとおり.

> 三つの平方数を見つけて,各々の平方を作り,それらの和が平方数になるようにせよ.

意味を取りにくい文言だが,三つの平方数を見つけよというのであるから,ともあれそれらを x^2, y^2, z^2 としてみよう.各々の平方 x^4, y^4, z^4 を作り,それらを加えると $x^4 + y^4 + z^4$ となるが,この和が平方数になるように x, y, z を定めよというのが,ディオファントスの問題32である.不定方程式の言葉で書くと,方程式

$$x^4 + y^4 + z^4 = w^2$$

を解くことと同じ意味になる.平方数へのこだわりにはピタゴラスの定理の名残りが感じられる.ディオファントスの意図はあくまでも平方数の性質の探究にあったのであろう.だが,平

方数の平方を考えるところまでいくと,「数の性質」からだいぶ遠ざかり, 不定方程式論の世界にすでに相当に深く入り込んでいる. 不定方程式論が数論に覆われる契機が, このようなところに萌していると見ることも可能であろう.

ディオファントスは二つの平方数 x^2 と $2^2 = 4$ を取り, ここから出発して問題の解答を導いた. この二つの平方数を加えると $x^2 + 4$ という数ができる. その平方は $(x^2 + 4)^2$. 二つの平方数の平方の和は $x^4 + 4^2 = x^4 + 16$. そこで差を作ると,

$$(x^2 + 4)^2 - (x^4 + 16) = 8x^2$$

となる. この差と $2(x^2 + 4)$ との比が平方数になるように x を定める. すなわち,

$$\frac{8x^2}{2(x^2 + 4)} = y^2$$

という形の等式が成立するように x を定めようというのである. もしこれが可能なら $\frac{4x^2}{x^2 + 4} = y^2$ となるが, 左辺の分子 $4x^2$ は平方数であるから, 分母 $x^2 + 4$ もまた平方数でなければならないことになる. そこで, $x^2 + 4 = (x+1)^2$ となるようにすると, $x = \frac{3}{2}$ という数値が得られる. どうしてこのようにするのか, その理由はまだわからないが, ともあれこのように x の値を定めると, 二つの平方数 $x^2 = \frac{9}{4}, 4$ と, それらの和 $x^2 + 4 = \frac{25}{4}$ が得られる. これらの三つの数を 4 倍すると $9, 16, 25$ となる. 9 と 16 は平方数で, それらの和が 25 になっている. ディオファントスはここまでを準備して, さてそれから問題の解決に向けて歩を進めていく.

ディオファントスが挙げている解答の一例を紹介したいと思う．ここまでの計算を踏まえて二つの平方数 9, 16 から出発し，これにもうひとつの平方数 x^2 を加えて三つの平方数を揃え，それらの平方数の平方の和，すなわち，

$$x^4 + 9^2 + 16^2 = x^4 + 81 + 256 = x^4 + 337$$

が平方数になるような x を探してみよう．これらの三つの平方数のうちの二つ，9 と 16 を加えると 25 になること，その 25 もまた平方数であることに留意しておきたいところである．

平方数のそれぞれの平方の和 $x^4 + 337$ を $(x^2 - 25)^2$ と等値して x を定めようとするところにディオファントスの創意が認められる．この等式 $x^4 + 337 = (x^2 - 25)^2$ から $x = \dfrac{12}{5}$ が取り出される．このとき，$x^2 - 25 = -\dfrac{481}{25}$．これで，等式

$$\left(\frac{144}{25}\right)^2 + 9^2 + 16^2 = \left(\frac{481}{25}\right)^2$$

が得られた．分数を避けるのであれば，両辺に $(25)^2$ を乗じると，

$$(144)^2 + (225)^2 + (400)^2 = (481)^2$$

という形になる．ディオファントスの問題に対して，ひとつの解答がこうして手に入ったのである．

ディオファントスの問題をもう少し一般的な視点から考えることにして，三つの平方数 x^2, y^2, z^2 を取り，それらの平方の和 $x^4 + y^4 + z^4$ が平方数になるようにしてみよう．三つの平方数のうちの二つ，y^2 と z^2 を取り，それらの和 $y^2 + z^2$ を作り，等式

$$x^4 + y^4 + z^4 = (x^2 - (y^2 + z^2))^2$$

が成立するように x, y, z を定めようというのがディオファントスのアイデアで，ディオファントスはこれを $y = 3, z = 4$ の場合に遂行した．上記の等式の右辺を展開して描き直すと，$-2x^2(y^2 + z^2) + 2y^2 z^2 = 0$ という形になり，これより

$$x^2 = \frac{(yz)^2}{y^2 + z^2}$$

が得られる．それゆえ，右辺は平方数でなければならないが，分子 $(yz)^2$ は平方数であるから，分母 $y^2 + z^2$ が平方数でなければならないことになる．そこで $y^2 + z^2 = w^2$ と置くと，$x = \dfrac{yz}{w}$ となる．これを $x^4 + y^4 + z^4$ に代入すると，

$$\begin{aligned}x^4 + y^4 + z^4 &= \left(\frac{yz}{w}\right)^4 + (y^2 + z^2)^2 - 2(yz)^2 \\ &= \left(\frac{yz}{w}\right)^4 + w^4 - 2y^2 z^2 = \left\{\left(\frac{yz}{w}\right)^2 - w^2\right\}^2\end{aligned}$$

と計算が進み，平方数に到達する．これが，「三つの 4 乗数の和を平方数に還元する」ためにディオファントスが示した手順である．

この手順の要点は等式 $y^2 + z^2 = w^2$ を満たす三つの数 x, y, z を見つけることで，それらの数が見つかるたびに「三つの 4 乗数の和を平方数に還元する」ことができる．たとえば，一番簡単な事例として $y = 3, z = 4, w = 5$ を取ると，

$$x = \frac{12}{5}, \qquad \left(\frac{yz}{w}\right)^2 - w^2 = -\frac{481}{25}$$

となるから，等式

$$\left(\frac{12}{5}\right)^4 + 3^4 + 4^4 = \left(\frac{481}{25}\right)^2$$

が成立する．これはディオファントスが挙げている事例で，前述の通りである．ディオファントスはこの一例を挙げただけに

すぎないが，その背景には一般的な手順が広がっている．ディオファントス自身も先刻承知のことであったであろう．

3 ── 多角数に関するフェルマの定理

4個の平方数による数の表示（ラグランジュの定理）

ユークリッドの『原論』に出ている完全数が個々の数の個性の探究につながるのに対し，ピタゴラスの定理は数と数の関係への関心につながっていく．数と数の関係ということであれば，最後には不定方程式論の世界に到達することになりそうであり，実際に事態はそのように進行した．

完全数とピタゴラスの定理に加えて，もうひとつ，素数への関心ということを強調しておきたいと思う．こんなふうに回想すると，西欧近代の数学における数論にはたしかに古代ギリシアの数論の系譜が継承されている．その継承の役割を具体的に担った人としてフェルマに目を注いでいるところだが，「不定方程式論はいかにして数論でありえたのか」という問いをつねに念頭に置いて，引き続きフェルマの言葉を追いたいと思う．

平方数に関連するフェルマの命題をもうひとつ拾うと，

> どのような数も高々4個の平方数の和の形に表される．

というものがある．「4で割ると1が余る素数」なら二つの平方数の和の形に表されるし，合成数に対しても，二つの平方数の和に分解されるのはどのような数なのか，精密に知ることができるようになる．「4で割ると3が余る素数」はそのように表すことはできない，これを要するに，平方数が二つだけでは数の表示には足りないということである．そこでフェルマはなお一歩を進め，平方数の個数を4個にすれば，どんな数でも

和の形に表示されると言明したのであった．4個の平方数を対象にするということになればもうピタゴラスの定理との連繋は失われてしまい，直角三角形のような図形の性質ももう何も反映されていない．数の理論はまったく新たな方向に進もうとしているのである．

この命題は1658年6月と推定されるディグビィ宛書簡と，1659年8月のカルカヴィ宛書簡において表明された．

多角数に関するフェルマの定理

平方数というのは文字通り「ある数の平方の形の数」のことで，n^2 という形に表されるが，4角数とも呼ばれている．平面上に等間隔に点を並べて正方形を作るとき，1辺に2個の点を配置すると，必要な点の個数は $2^2 = 4$ 個になる．1辺に3個の点を配置すると，必要な点の個数は $3^2 = 9$ 個になる．以下も同様に進行する．

一般に正多角形を考えて，点を並べて正多角形を作るのに必要な点の個数は**多角数**と呼ばれている．正多角形が正三角形なら3角数で，

$$1, \quad 3, \quad 6, \quad 10, \quad \cdots$$

と配列される．一般形は

$$\frac{n(n+1)}{2} \quad (n \geq 3)$$

となる．フェルマは「欄外ノート」の第18番目（『フェルマ著作集』，第1巻，305頁）において「多角数に関するフェルマの定理」を表明した．それは，

どのような数も3角数であるか，2個または3個の3角

数の和である.

　どのような数も4角数であるか,2個または3個または4個の4角数の和である.

　どのような数も5角数であるか,2個または3個または4個または5個の5角数の和である.

という命題で,以下,6角数,7角数,… に対しても同様の言明が続いていく.これを一般的に言うと,

　どのような数も高々 n 個の n 角数の和の形に表される.

という命題になる.フェルマはこの命題を発見したことがよほど自慢だったようで,「非常に美しく,しかもまったく一般的である」とみずから語り,自分が最初の発見者であることを明

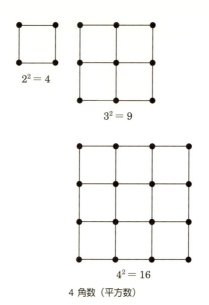

4角数(平方数)

記した．そうして，ここで証明を与えることはできないと述べたうえで，「その証明はアリトメチカの数々の深遠な神秘に依存している」とまで言っている．行く行くはこのテーマで 1 冊の著作を書く考えもあったというのであるから，この発見はよほどうれしかったのであろう．

フェルマの「欄外ノート」の第 18 番目の記事の原文が，ラテン語による表記のまま，ルジャンドルの著作『数の理論のエッセイ』に掲載されている．訳出すると次のとおり．

> まぎれもなくわれわれは，ほかならぬわれわれこそが，このうえもなく美しく，きわめて一般的なひとつの命題をはじめて明るみに出したのである．すなわち，あらゆる数は 3 角数であるか，あるいは 2 個または 3 個の 3 角数を用いて［それらを加えることにより］作り出される．4 角数であるか，あるいは 2 個または 3 個または 4 個の 4 角数を用いて［それらを加えることにより］作り出される．5 角数であるか，あるいは 2 個または 3 個または 4 個または 5 個の 5 角数を用いて［それらを加えることにより］作り出される．こんなふうにして 6 角数，7 角数と，どこまでも限りなく続いていって，任意の多角数，すなわち角の個数に応じて表明される驚嘆すべき一般的命題に到達する．その証明は数々の多彩な，奥深い場所に秘められている数の神秘から導き出されるが，それをここに書き添えることはできない．なぜならわれわれは，この仕事を成し遂げて 1 冊の完全な書物を著し，このアリトメチカの領域において昔からよく知られている限界を越えて，目を見張るまでに押し進める決意を固めたからである．（ルジャンドル『数の理論のエッセイ』，初版，204 頁）

フェルマは「数に関する大きな著作（un grand ouvrage sur les nombres）」（ルジャンドルの言葉．同上）の刊行を企図していた模様だが，結局，実現にいたらなかった．そのことに関連して，ルジャンドルはこう言っている．

> その著作には，彼自身がそう言っているように，**数々の多彩な，奥深い場所に秘められている数の神秘（multa varia et abstrusissima numerorum mysteria）**（註．ここでルジャンドルはフェルマの言葉をそのまま引用した）がおびただしく盛り込まれることになるはずであった．幾何学者たちは，この学識豊かな高名な人物が計画を実行に移さなかったこと，あるいは少なくともフェルマの原稿の保管者になった縁者や友人たちが原稿を公表しなかったことを久しく嘆いている．その著作にはおそらく，彼が手にしていた諸定理のいくつかの今もなお知られていない証明のほかに，この著者の聡明さに相応しい方法，すなわち後々の幾多の発見に結びついていて，精密科学のこのきわめて困難な領域を完成の域へと高めていくうえで，大きく貢献したはずのさまざまな方法が見出だされたにちがいない．（同上）

フェルマの書簡を参照すると，「多角数に関するフェルマの定理」は，

> 1636 年 9 月または 10 月のメルセンヌ宛書簡（9 月と 10 月のどちらなのか，はっきりしない）
>
> 1654 年 9 月 25 日付のパスカル宛書簡
>
> 1658 年 6 (?) 月のディグビィ宛書簡

にも記されている．

オイラーの寄与

「多角数に関するフェルマの定理」の証明を試みた一番はじめの人は，ここでもまたオイラーであった．はじめに取り上げられたのは $n=4$ の場合，すなわち 4 角数の考察で，その痕跡は次に挙げるオイラーの論文の表題にはっきりと現れている．

> [E242] あらゆる数は，それが整数であっても分数であっても，4 個もしくは 4 個以下の平方数の和になるというフェルマの定理の証明（1760 年）

オイラーはこの論文において 4 角数に関するフェルマの定理の証明を試みたが，完全ではなかったようで，不十分な点をラグランジュが論文「アリトメチカの一定理の証明」（1770 年）で補足した．「4 角数に関するフェルマの定理」の証明はこの論文で完成したが，これを受けてオイラーはもう 1 篇の論文

> [E445]「数の平方数への分解に関する新しい証明」（1780 年）

を書いた．ラグランジュの証明の簡易化を試みたのである．ルジャンドルはこの経緯を回想し，「4 角数に関するフェルマの定理」に註記を附して，

> ラグランジュはこの美しい定理の証明を与えた最初の人物である（ベルリン・メモワール，1770 年）．続いてこの証明は『ペテルブルク報告』，1777 年，においてオイラーの手で著しく簡易化された．（『数の理論のエッセイ』，初版，202 頁）

と簡潔に報告した．『ベルリン・メモワール』は『ベルリン新紀要』を指す．1770 年の新紀要（刊行年は 1772 年）にラグランジュの論文「アリトメチカの一定理の証明」が掲載された．『ペテルブルク報告』の第 1 巻の II（刊行年は 1780 年）にはオイラーの［E445］が掲載されている．

「多角数に関するフェルマの定理」を完全に一般的な場合に証明するのはやはりむずかしく，ようやくコーシーがこれに成功した．1813 年のことであるから，時代はすでに 19 世紀に入っている．

Column

ディオファントス『アリトメチカ』第 4 巻，問題 31 より

フェルマはディオファントスの『アリトメチカ』の第 4 巻，問題 31 を見て，「欄外ノート」の第 18 番目の記事を書いた．もう少し正確に言うと，そのディオファントスの問題に対してバシェが註釈を書いているが，フェルマはその註釈に対してさらに註釈を書き加えたという順序になる．ディオファントスの第 4 巻の問題 31（『バシェのディオファントス』，239–242 頁）は次のような問題である．

> ある数が与えられたとして，それに対して 4 個の平方数を見つけてそれらの和を作り，さらにそれらの平方数を作る 4 個の数を加えて，はじめに与えられた数に等しくなるようにすること．（同上，239 頁）

与えられた数を a に対し，4 個の平方数 x^2, y^2, z^2, w^2 を見つけて，等式

$$x^2 + y^2 + z^2 + w^2 + x + y + z + w = a$$

が成立するようにせよ，という問題である．これを不定方程式の問題と見ることももとより可能だが，ディオファントスはここでもまた平方数から離れていないことに留意したいと思う．

ディオファントスは a として 12 を採用して計算を遂行した．2 次方程式を解くときのように平方完成という手続きを踏むと，$x^2 + y^2 + z^2 + w^2 + x + y + z + w$ は

$$x^2 + y^2 + z^2 + w^2 + x + y + z + w$$
$$= \left(x + \frac{1}{2}\right)^2 + \left(y + \frac{1}{2}\right)^2 + \left(z + \frac{1}{2}\right)^2 + \left(w + \frac{1}{2}\right)^2 - 1$$

という形に変形されるから，提示された等式 $x^2 + y^2 + z^2 + w^2 + x + y + z + w = 12$ は

$$\left(x + \frac{1}{2}\right)^2 + \left(y + \frac{1}{2}\right)^2 + \left(z + \frac{1}{2}\right)^2 + \left(w + \frac{1}{2}\right)^2 = 13$$

となる．13 を 4 個の平方数の和の形に表すことを考えると，これはすぐに実行できて，

$$13 = 4 + 9 = \left(\frac{8}{5}\right)^2 + \left(\frac{6}{5}\right)^2 + \left(\frac{12}{5}\right)^2 + \left(\frac{9}{5}\right)^2$$

となる．そこで，$x + \frac{1}{2} = \frac{8}{5}, y + \frac{1}{2} = \frac{6}{5}, z + \frac{1}{2} = \frac{12}{5}, w + \frac{1}{2} = \frac{9}{5}$，すなわち

$$x = \frac{11}{10}, y = \frac{7}{10}, z = \frac{19}{10}, w = \frac{13}{10}$$

と定めれば，等式 $x^2 + y^2 + z^2 + w^2 + x + y + z + w = 12$ が成立する．数値をあてはめると，

$$\left(\frac{11}{10}\right)^2 + \left(\frac{7}{10}\right)^2 + \left(\frac{19}{10}\right)^2 + \left(\frac{13}{10}\right)^2 + \frac{11}{10} + \frac{7}{10} + \frac{19}{10} + \frac{13}{10}$$
$$= 13$$

となるが，いかにも不思議な形の等式である．

13 は「4 で割ると 1 が余る素数」であるから，直角三角形の基本定理により二つの平方数の和に分けられる．そうしてディオファントスは「与えられた平方数を二つの平方数の和に分ける」ことを知っていた（第 2 巻, 問題 8）から，13 は 4 個の平方数に分けられることになる．上記の解法でも，途中で 13 を 4 個の平方数の和に分解したのが肝心なところである．

それなら，たとえ直角三角形の基本定理を経由することができない場合であっても，与えられた平方数を 4 個の平方数の和に分けることさえできるなら，上記のディオファントスの論法はそのまま通用することになる．それゆえ，ディオファントスはこれを予測していたのではないかという推定が許されるであろう．実際，『アリトメチカ』の対訳本の著者のバシェは，「どのような数も高々4 個の平方数の和の形に表される」と考えて，120 までの数を対象にしてこの分解の一覧表を作成した．そのバシェの註釈が，フェルマの「欄外ノート」第 18 番の対象になったのである．

その際，平方数をこえていきなり多角数に言及したのはフェルマの創意の現れと思われるが，あまりにも大きな飛躍である．平方数のみを手掛かりにして，どうして多角数が出てくるのか，このあたりの消息はいかにも不思議だが，バシェが作成したディオファントスの対訳書には『アリトメチカ』のほかに多角数に関する 1 巻も同時に収録されていたのであるから，フェルマはそれに刺激されたのであろう．

第3章

ラグランジュと不定方程式

1 ——ペルの方程式と不定方程式への道

ペルの方程式

フェルマはイギリスの数学者たちに数学の挑戦状を提出したことがある．これに関連して，ラグランジュの論文

「アリトメチカの一問題の解決」（1766–1769 年）

の序文を読んでみたいと思う．

> わたしがこの論文で解決しようとしている問題は次のようなものである．
>
>> 任意の非平方数が与えられたとき，ある平方整数を見つけて，これらの二つの数の積に 1 を加えたものが平方数になるようにせよ．
>
> この問題はフェルマ氏がイギリスの全幾何学者に対して，特にウォリス氏に対して，一種の挑戦状として提出した問題のひとつである．（『トリノ論文集』，第 4 巻，1766–1769 年，数学部門，41 頁）

ここで語られている問題の意味を汲むと，まず非平方数を任意に採るというのであるから，それを a とする．次に，求める平方数を y^2 とする．このとき，積 ay^2 に 1 を加えて ay^2+1 を作ると平方数になるようにしたいのであるから，その平方数を x^2 で表すと，等式

$$ay^2 + 1 = x^2$$

が成立するように x と y を定めることが，問題として課せられていることになる．フェルマの要請する平方数 y^2 が見つか

るか否かの判定の鍵をにぎっているのは,与えられた非平方数 a である.フェルマがどこまでも非平方数 a に固有の性質を追い求めているのに対し,ラグランジュは2次の不定方程式の問題として受け取っている.探索の対象が a そのものから x, y へと移っているのである.数の理論が不定方程式論へと移り行く契機が,このあたりの消息にくっきりと芽生えている.

今日の語法では,この不定方程式は**ペルの方程式**と呼ばれている.ペルの方程式は,少し文字の配置を変えて,$x^2 - ay^2 = 1$ という形に書くのが,何となく習慣のようになっている.ラグランジュの言葉では,与えられた数 a の正負は明記されていないが,a が負であれば解は $x=1, y=0$ と $x=-1, y=0$ のみであり,無意味な問題になってしまう.それゆえ,当然のことながら a としては正の数が考えられているのである.

ウォリスの2通の書簡

ラグランジュの言葉を続けよう.

> ウォリス氏は,わたしの知る限りでは,この問題を解決した,もしくは少なくともその解答を公表した唯一の人物であった(ウォリス氏の『代数学』,第98章および『書簡集』所収の第17書簡と第19書簡を参照せよ).(同上)

ウォリスの『代数学』というのは

『歴史的で,しかも実用的な代数学概論』(A Treatise of Algebra, Both Historical and Practical)

という本で,初版の出版は1685年.1693年に第2版が刊行された.ウォリスの『書簡集』(Commercium Epistolicum de

Quaestionibus Quibusdam Mathematicis Nuper Habitum）は1658年に刊行された．ラグランジュが参照するようにと指示した第17書簡と第19書簡の宛先はどちらもブラウンカーで，日付はそれぞれ1657年12月17日，1658年1月30日である．この日付を見ると，フェルマがペルの方程式をもってイギリスの数学者たちに挑戦したのは1657年のことであろうと推定される．

ラグランジュの言葉が続く．

> しかし，この学識豊かな幾何学者の方法は一種の手探りにすぎず，その方法ではかなり不確実にしか目的地には達しえないし，はたして到達するかどうかさえもわからない．そのうえ，何よりも，与えられた数が何であっても，この問題を解くのはいつでも可能であることを証明しなければならない．これは通常は真とみなされている命題だが，わたしの知る限りでは，堅固で，しかも厳密な仕方で確立されたことはまだなかった．（同上）

ラグランジュはウォリスが公表した解法に疑念を抱いている模様である．

> ウォリス氏がそれを証明しようとしたのは本当である．だが，この推論は数学者たちがとうてい満足しそうにないものであり，実際のところ，一種の論点の先取りのようにわたしには思われる．その結果，ここで懸案になっている問題は今もなお十分に申し分のない仕方で解決されてはいないということになるのである．わたしがこの問題を研究の対象にする決意を固めたのはそのためだが，この問題の解決がこの種の他のあらゆる問題の鍵であることを思えば，決意はいっそう強まるのである．（同上，41-42頁）

このように前置きしたうえで，ラグランジュはペルの方程式の解法に向かい，連分数の手法により，解決に成功した．

ラグランジュが指示している第 98 章の表題は，「数に関する諸問題に近づくひとつの方法．フェルマ氏の一問題がきっかけになってもたらされたもの」というもので，フェルマの挑戦に応えようとする姿勢がはっきりと示されている．

フェルマがイギリスの数学者たちに宛てた挑戦状というのは 2 通存在し，どちらもフェルマの著作集に収録されている．ペルの方程式を解くようにという形で語られる問題が出ているのは第 2 の挑戦状のほうである．フェルマの著作集で見ると，第 2 巻の第 81 書簡であり，それには 1657 年 2 月という日付が記入されている．ラテン語で書かれた手紙である．

フェルマは次の事実を発見した．

> ある任意の非平方数が与えられたとき，「その数に乗じて，その積に 1 を加えると平方数になる」という性質を備えた平方数が無限に多く存在する．(『フェルマ著作集』，第 2 巻，335 頁)

フェルマがイギリスの数学者たちに提示したのはこの事実を証明することである．与えられた非平方数を a とし，求められている平方数を y^2 とするとき，$ay^2 + 1$ が平方数 x^2 になるという状況が設定された．ペルの方程式と同じに見えるが，フェルマが要請したのは平方数 y^2 の探索であり，しかも無数の平方数が求められている．これに対し，ペルの方程式で要求されているのは x と y の数値である．

フェルマは具体例も書き留めている．非平方数として $a = 3$ が指定されたなら，平方数 1 は要請された性質を備えている．

第 3 章 ラグランジュと不定方程式

実際, $3 \times 1 + 1 = 4$ は平方数である. この例はあまりにも単純だが, 続いてフェルマは $149, 109, 433$ という数値を挙げた. これらの数に対応する平方数は記されていない.

連分数展開とペルの方程式

ラグランジュによるペルの方程式 $x^2 - ay^2 = 1$ の解法の要点は平方根 $\sqrt{a}$ の連分数展開にあるが, そこにはじめて着目したのはオイラーであり, その様子はオイラーの論文

[E323]「ペルの問題を解決する新しいアルゴリズムの利用について」(1767 年)

に記されている. ペルというのはイギリスの数学者ジョン・ペルのことである. オイラーはなぜかフェルマの挑戦に応じて方程式 $x^2 - ay^2 = 1$ を研究したのは (ウォリスではなく) ペルと思い込み, 論文の表題に「ペルの問題」という言葉を使用した. オイラーの勘違いに由来して「ペルの問題」という言葉が出現し, その後の数学史にそのまま定着して今日に及んでいる.

比較的小さい数 a を例にとって, ペルの方程式 $x^2 - ay^2 = 1$ を $\sqrt{a}$ の連分数展開により解いてみよう.

1) $a = 19$ の場合.

自然数の平方根の連分数展開には周期性が認められる. $\sqrt{19}$ の連分数展開を遂行すると,

$$\sqrt{19} = 4 + \cfrac{1}{2 + \cfrac{1}{1 + \cfrac{1}{3 + \cfrac{1}{1 + \cfrac{1}{2 + \cfrac{1}{8 + \cdots}}}}}}$$

と計算が進行する．まずはじめに数 4 が登場し，以下，$2, 1, 3, 1, 2$ と続いて，それから数 8 が現れる．5 個の数の系列 $2, 1, 3, 1, 2$ を見ると，中央の数 3 の左右が対称的に配列されている．また，数 8 は初項 4 の 2 倍である．8 以下には 6 個の数 $2, 1, 3, 1, 2, 8$ がこの順序で繰り返されていく．

この連分数展開を最初に現れる 8 の手前までで打ち切って，分数

$$4 + \cfrac{1}{2 + \cfrac{1}{1 + \cfrac{1}{3 + \cfrac{1}{1 + \cfrac{1}{2}}}}}$$

の値を算出すると，既約分数の形で $\dfrac{170}{39}$ が得られる．そこで

$$x = 170, \qquad y = 39$$

を採用すれば，これらは方程式 $x^2 - 19y^2 = 1$ の解である．実際，

$$170^2 - 19 \times 39^2 = 28900 - 28899 = 1$$

となる．

第 3 章 ラグランジュと不定方程式

こうして $\sqrt{19}$ の連分数展開を通じて一組の解が求められた．これが一番小さい解である．次に，任意の自然数 m に対し，

$$(170 + 39\sqrt{19})^m = x_m + y_m\sqrt{19}$$

と置くと，

$$(170 - 39\sqrt{19})^m = x_m - y_m\sqrt{19}$$

となる．辺々を乗じると，等式

$$x_m^2 - 19y_m^2 = 1$$

が得られるから，x_m と y_m もまた方程式 $x^2 - 19y^2 = 1$ の解である．このようにして無数の解が見出される．たとえば，

$$x_2 = 57799, \qquad y_2 = 13260$$

もまた解である．このような一連の計算の手順を指して，オイラーは「新しいアルゴリズム」と呼んだのである．

2) $a = 13$ の場合．

もうひとつの例として $a = 13$ を取り上げてみよう．$a = 19$ の場合と同様にして平方根 $\sqrt{13}$ の連分数展開を行なうと，

$$\sqrt{13} = 3 + \cfrac{1}{1 + \cfrac{1}{1 + \cfrac{1}{1 + \cfrac{1}{1 + \cfrac{1}{6 + \cdots}}}}}$$

と算出される．冒頭の数 3 に続いて 1, 1, 1, 1, 6 と 5 個の数が並び，ここから先はこの 5 個の数が繰り返されていく．6 は初項 3 の 2 倍である．最初に現れる 6 の手前までの分数

$$3 + \cfrac{1}{1 + \cfrac{1}{1 + \cfrac{1}{1 + \cfrac{1}{1}}}}$$

を計算すると $\dfrac{18}{5}$ が得られる．そこで $x = 18, y = 5$ を採用すると，今度は $18^2 - 13 \times 5^2 = -1$ になってしまう．

$x = 18, y = 5$ はペルの方程式 $x^2 - 13y^2 = 1$ の解ではないことになるが，

$$(18 - 5 \times \sqrt{13}\,)^2 = x + y\sqrt{13}$$

と置いて二つの数 x, y を求めると，ペルの方程式 $x^2 - 13y^2 = 1$ の一番小さい解 $x = 649, y = 180$ が得られる．この解を手掛かりとして無数の解が手に入るのは，前例の $a = 19$ の場合に観察したとおりである．

フェルマの三つの数値例

フェルマが例示した三つの数 $149, 109, 433$ の場合には，登場する数値は格段に大きくなる．$a = 149$ の場合，平方根 $\sqrt{149}$ の連分数展開の観察を通じて，方程式 $x^2 - 149y^2 = -1$ の解

$$x = 113582, \qquad y = 9305$$

が得られる．そこで，$a = 13$ の場合にそうしたように，

$$(113582 + 9305\sqrt{109}\,)^2 = x + y\sqrt{109}$$

とおいて x, y を算出すると，

$$x = 25801741449, \qquad y = 2113761020$$

が得られる．これはペルの方程式 $x^2 - 149y^2 = 1$ の解である．x は 11 桁, y は 10 桁という大きな数値である．

$a = 109$ の場合には解の大きさは一段と増大する．方程式 $x^2 - 109y^2 = -1$ の解として

$$x = 8890182, \qquad y = 851525$$

が得られるが，この段階ですでに x は 7 桁, y は 6 桁である．この数値を用いてペルの方程式 $x^2 - 109y^2 = 1$ の解を求めると，

$$x = 158070671986249, \qquad y = 15140424455100$$

という数値が求められる．x は 15 桁, y は 14 桁．y の平方を作ると，

$$y^2 = 229232452680590131916010000$$

となり，27 桁である．

$a = 433$ の場合には，$x^2 - 433y^2 = -1$ の一番小さい解として

$$x = 7230660684, \qquad y = 347483377$$

が得られる．x は 10 桁, y は 9 桁に達している．これを用いると，ペルの方程式 $x^2 - 433y^2 = 1$ の解

$$x = 104564907854286695713, \qquad y = 5025068784834899736.$$

が見つかる．x は 21 桁, y は 19 桁．y の平方は，

$$y^2 = 25251316292322095858983939617172869696$$

となり，実に 38 桁という巨大な数である．

フェルマはこのような巨大な数値例を承知したうえで，イギ

リスの数学者に挑戦状を送付した．ペルの方程式の一般的解法よりも，具体的に眼前に現れる数値例におもしろさを感じていたのである．これほどまでにめざましい事例をどのようにして得たのであろうか．フェルマ本人が何も語らない以上，真相は不明だが，オイラーとラグランジュは連分数展開の方法に依拠して一般的な解法を発見した．だが，そのためには問題の把握の仕方を大きく転換して，ペルの方程式という2次不定方程式を解くという構えをとらなければならなかった．二つの未知数 x と y に対等の資格が附与されて，探索の対象は「所定の属性を備えた平方数の探索」から「ペルの方程式の解法」へと移動した．この視線の移り行きに伴ってはじめて a の連分数展開が視野にとらえられたのである．

ディオファントスとの別れと不定解析への道

　ディオファントスの著作『アリトメチカ』には直角三角形の明るい光が射している．直角三角形のもっとも基本的な性質といえばピタゴラスの定理であり，そのピタゴラスの定理は3個の平方数の間の関係式の形で表明されるのであるから，あまたある数の中でも平方数というものが極度に重い位置を占めている．何かについて平方数が顔を出す中で，3乗数などは見かけない．4乗数はときおり出てくるが，それは「平方の平方」という言い方で語られる．これに対し，「フェルマの大定理」などを見ると，フェルマは3乗数はおろか，任意の次数の冪乗数を平然と考えていることがわかるが，そうなればもう平方数への愛着のような感受性はすっかり影をひそめている．ディオファントスの世界を越えて新たな領域が切り開かれつつあるような，鮮明な印象が感じられる場面である．

今日の数論の視点に立って観察すると，ディオファントスもフェルマもどちらも不定方程式論の領域に身を置いているように見える．実際のところ，この二人が提示した諸命題はほとんどいつでも不定方程式の問題と諒解することができるのである．「ほとんどいつでも」といくぶん曖昧に述べたのは，不定方程式論とは関係がなさそうなものもあるからで，たとえば「フェルマの小定理」などはその一例である．

他方，ディオファントスとフェルマの諸命題で語られているのはどれもみな数の諸性質である．わざわざ不定方程式論と見なくても諒解可能であり，むしろそのほうがアリトメチカと呼ぶのに相応しいくらいである．それなら不定方程式論がアリトメチカとして認識されるようになったのはなぜだろうかという疑問が起るが，何らかの事情により大きな視点の変換があったのであろうと想定される．その変換を具体的に遂行した人物もいるにちがいなく，そのような人として念頭に浮かぶのはまずオイラー，次にラグランジュである．節をあらためて，オイラーとラグランジュについてもう少し詳しく語ってみたいと思う．

2 ── オイラーからラグランジュへ

ヨハン・ベルヌーイに学ぶ

レオンハルト・オイラーの生誕日は 1707 年 4 月 15 日．生地はスイスのバーゼルである．1907 年には生誕 200 年を記念して母国スイスで全集の編纂が企画され，編纂委員会が組織されて作業が開始された．それからまた 100 年がすぎて 21 世紀に入り，2007 年がちょうど生誕 300 年の節目にあたることを

受けて,ヨーロッパとアメリカのあちこちで記念の催し事が企画された.オイラーの影響は今日もなお生きているのである.

1720 年,オイラーはバーゼル大学に入学し,ルター派の牧師の父パウルの要請を受けて神学を学ぶことになった.数学は独自に勉強を続けたが,毎週日曜日になるとヨハン・ベルヌーイを訪ねて個人的に指導を受けることができた.ヨハンはオイラーの父パウルがバーゼル大学に在学中に親しい交友のあった人物である.

1726 年,バーゼル大学を卒業したオイラーはペテルブルクの科学アカデミーに招聘され,翌 1727 年,ペテルブルクに向かった.ペテルブルクの科学アカデミーは,オイラーが到着する 2 年前の 1725 年,女帝エカテリーナ一世により創設された.科学アカデミーからの当初の申し出では生理学部門に配属されることになっていたが,実際に到着してみると,所属先は数学物理部門であった.1731 年,ゲオルク・ベルンハルト・ビュルフィンガーの後任として物理学教授になった.1733 年には,故郷バーゼルにもどったダニエル・ベルヌーイの数学教授職を引き継いだ.ダニエルはヨハン・ベルヌーイを父にもつ人物だが,オイラーと個人的に親しくなり,同居したことがあるほどである.1700 年 2 月 9 日,ヨハン・ベルヌーイがオランダのフローニンゲン大学に在職中に生れ,流体力学の「ベルヌーイの定理」で知られている.1725 年以来,ペテルブルク科学アカデミーの数学教授だったが,1733 年,辞任してバーゼル大学に移り,その際,後任にオイラーを推薦した.

ペテルブルクにはクリスチアン・ゴールドバッハがいて,解析学と数論など,いろいろな問題を議論した.特に,オイラーが数論に関心を寄せるようになったのは,ゴールドバッハの影

響が大きいと言われている.

1735年,高熱が出て,あやうく命を落すところであった.オイラー自身の語るところによると,1738年ころから目をわずらい始めたということで,その原因はというと地図の作成の仕事に熱中しすぎたための疲れ目というのである.1740年までに片方の目の視力を失い,もう一方の目もだんだん見えなくなっていった.だが,一説によるとオイラーの目の問題は1735年の高熱のときにすでに始まっていたともいう.1753年のオイラーの肖像画を見ると,この時期にはまだ左目は見えていたようでもあり,右目は悪そうではあるものの,完全に見えないわけでもないと考える人もいる.左目が見えなくなったのは,疲れ目のためというよりも後年の白内障のためではないかというのだが,本当のところはわからない.

学問の方面では1738年と1740年に2度にわたってパリの科学アカデミーのグランプリを受け,名声が高まっていった.ドイツのプロイセンのフリードリヒ二世の招聘を受けたのもそのころであった.オイラーはこれを受け,プロイセン行を決意し,1741年7月,ベルリンに到着した.1746年1月,ベルリンの科学アカデミーが正式に開設された.総裁はモーペルチュイ.オイラーは数学部門の長になった.ベルリンでの生活は四半世紀,25年に及び,この間に執筆した論文は約380篇.また,名高い変分法のテキストや,「解析学3部作」のひとつである微分法のテキストを執筆した.

1766年の夏,オイラーはベルリンを離れてペテルブルクにもどっていった.ベルリン科学アカデミーにおけるオイラーの後任はラグランジュである.ロシアにもどってまもなく,1772年のことだが,オイラーは目の手術を受けたものの効を奏せ

ず，ほぼ完全に失明した．それにもかかわらず，この第2期のペテルブルク時代にオイラーが書き上げた作品は全著作のほぼ半分に達するというのであるから，驚くほかはない．オイラーにとって，数学を思索するのに視力は必ずしも必要ではなかったのであろう．それでも論文を執筆するという面ではやはり不便だったようで，故郷のバーゼル在住のダニエル・ベルヌーイに助手を見つけてほしいと依頼した．ダニエルはこれに応え，ニコラウス・フスを推薦した．フスがペテルブルクに到着したのは 1773 年 5 月．1755 年 1 月 30 日に生れたフスは，このとき満 18 歳の少年である．

1783 年 9 月 18 日，オイラーは脳出血に襲われてペテルブルクで亡くなった．満 76 歳であった．

オイラー憧憬

ジョゼフ・ルイ・ラグランジュは 1736 年 1 月 25 日，北部イタリアのピエモンテ地方を統治していたサルディニア王国の首都トリノに生れた．サルディニアは英語表記の Sardinia の音読みである．イタリア語で表記すると Sardegna となり，サルデーニャと読む．ラグランジュの名のジョゼフは Joseph の音写で，これはトーマスマンの作品「ヨセフとその兄弟」のヨセフと同じである．それで，ヨセフと表記するのが普通のような感じもあるが，Joseph はフランス語であるからフランス語のように読むとジョゼフとなり，英語と同じである．

この機会にもう少し附言すると，ヨセフというのは元来はヘブライ語で，ヘブライ語の音をそのまま写してヨゼフと表記されることもある．相互の関係はよくわからない．イスラム教の聖典コーラン（正確に音を写すとクルアーンとなる）ではユー

スフとなり，これはアラビア語である．ギリシア語ではヨーセーフ．ラテン語ではヨセフまたはヨセフス．ドイツ語ではヨーゼフ，ロシア語ではヨシフというふうに，さまざまに変化する．ラグランジュの洗礼名は Giuseppe Lodovico Lagrangia というのだが，これはイタリア語の表記でジョゼッペ・ロドヴィコ・ラグランジア．Joseph と Giuseppe は同じである．

このような諸事情を踏まえたうえで，さてラグランジュの名前は日本語ではどのように表記するのがよいのであろうか．ラグランジュはイタリアに生れ，ベルリンの科学文芸アカデミーでオイラーの後任としてしばらくすごし，それからフランスに移ってパリで亡くなった．フランスの数学者と見られることが多く，名前もたいてい Joseph-Louis Lagrange とフランス語で表記される．そこでこれをそのまま日本語に写してジョゼフ・ルイ・ラグランジュと読めばよいことになるが，聖書の邦訳などの状況を見るとジョゼフよりもヨセフの方が親しみが深く，現にトーマスマンの作品の邦訳でも，ドイツ語読みのヨーゼフではなくヨセフが採られている．それでつい，ヨセフ・ルイ・ラグランジュと書いたりすることがある．

ラグランジュの父はサルディニア王国でそれなりに重要な地位を占めていたが，投機に失敗して大金を失うという出来事があり，ラグランジュ家は裕福とはいえなかった．父の意向を受けてトリノ大学では法律を学んだ．ところが，イギリスの数学者ハーレイが 1693 年に著した著作（光学への代数学の応用に関する作品）を読んだのがきっかけになって，突然，数学に関心を寄せ始めた．

ラグランジュには数学の特別の師匠という人はなく，おおむね独学であった．1754 年，18 歳のラグランジュは 1 篇の論文

を書き，数学を愛好するトリノの貴族ファニャノとベルリンのオイラーのもとに送付した．翌1755年にも，変分法をテーマにした論文を再びオイラーに送付した．オイラーはこれらの論文を見てラグランジュの数学の力を高く評価するようになり，ベルリンの科学アカデミーに招聘した．ラグランジュははじめ逡巡したが，オイラーがベルリンを離れてペテルブルクに向かうことになったのを機にこれを承諾し，1766年11月6日付でベルリンのアカデミーの数学部長に就任した．

数論をはじめ，代数方程式論，無限解析，変分法，力学など，数学と数理物理学のほぼ全域にわたってオイラーの研究を忠実に継承したが，継承の仕方に著しい創意が示されて，オイラーとともに18世紀の数学的科学の姿を象徴する人物になった．

知名度が高まるにつれて，イタリアやパリから招聘の声がかかるようになった．ラグランジュはパリを選び，1787年5月，パリに移動した．この時点で満51歳である．フランス革命を経て，1813年4月10日，パリで亡くなった．この時期のパリにはルジャンドル，ラプラス，ポアソン，フーリエ，コーシーなど，今日の数理解析の泉を形成する一群の数学者が出現した．ラグランジュはパリにオイラーの数学を移植する役割を果たしたのである．

3 ── 不定方程式論のはじまり

ディオファントス解析（不定方程式の理論）への道

ラグランジュの不定方程式の話を続けたいと思う．ラグランジュは，フェルマがイギリスの数学者たちに提示した問題を「ペルの方程式」という2次不定方程式の問題と理解して解法

の道筋を示し,その延長線上においてもうひとつの大きな論文を書いた.それは

「2次不定問題の解法について」(1769年)

という長大な論文で,掲載誌の『ベルリン紀要』(1767/69年)を参照すると165頁から310頁まで,146頁を占めている.冒頭に非常に長い序文がついていて,読み進めていくと,さながら不定方程式論の成立宣言を聞いているかのような思いがする.

> ある問題の解決が最終的に導かれていく方程式が1個より多くの未知数を含むときには,その問題は不確定であり,一般的に考えると無限に多くの解を許容するものである.だが,もしその問題の本質的性格に由来して,求められている諸量が有理的であること,あるいはさらに,整数で表されることが要請されるのであれば,解の個数はきわめて限定されることがありうる.そうして困難は,およそ存在する限りのあらゆる解の間で,規定された条件を満たしうるものを見つけ出すことに帰着されるのである.最終的な方程式が1次でしかないときは,その方程式の性格それ自体により,解はどれもみな有理的である.そうして,そのうえでなお未知数が整数であることを望むのであれば,連分数の方法によりそれらを容易に定めることができる.(『ベルリン紀要』,1767/69年,165頁)

1次を越え,当然のことながら非有理的な式に帰着する方程式については,事情は同様ではない.そのような方程式

を満たしうる通約可能な数を見つけるための直接的で，しかも一般的な方法は，たとえそれらの方程式が2次でしかないとしても存在しないのである．解析学のこの分野は，おそらくもっとも重要な諸分野のひとつである．だが，それにもかかわらず，幾何学者たちがはなはだしくおろそかにしてきたように思われるいくつかの領域，あるいは少なくとも，今日にいたるまで幾何学者たちがほとんど進展させることのなかったいくつかの領域のひとつであることを認めなければならない．（同上）

次数2の不定方程式の解法理論は確立されていないと明記されている．

ラグランジュの見るところ，不定解析，すなわち不定方程式の解法理論はほとんど進展をみないまま，今にいたっているということである．ラグランジュの言葉を続けよう．

ディオファントスとディオファントスの註釈者たちは実のところ2次，3次，および4次の不定問題をも数多く解決した．（同上，166頁）

ディオファントスの註釈者たちというのは，バシェとフェルマのことをそう呼んでいるのであろう．

それはそうではあるが，それらの解法の大部分は特殊なものにすぎないのであるから，それらのほかにもなお，きわめて単純で，しかも同時にきわめて広範囲にわたる数々の場合が存在して，それらに対してはディオファントスの方法がまったく無力であるのも驚くにはあたらない．

たとえば，A と B は非平方整数として $A + Bt^2 = u^2$ を

> 解くこと，すなわち $A + Bt^2$ が平方数になるような有理数値 t を見つけることが問題になっているとするなら，ディオファントス解析の既知のあらゆる技巧は，この場合に対しては無力である．（同上）

「ディオファントス解析」という言葉にここで遭遇した．これは不定解析の別名で，今日でもときおり見かけることがある．

> ところで，以下の叙述において目にするように，2個の未知数をもつ2次不定問題の一般的解決はまさしくこの場合に帰着するのである．（同上）

ラグランジュはこう言ってすぐに，「ただし，オイラー氏は例外である」と言い添えた．

> オイラー氏はこの問題をペテルブルク帝国科学アカデミーの諸論文の間に見出だされるすばらしい2論文のテーマにしたのである（『旧紀要』，第6巻．および『新紀要』，第9巻）．（同上）

ラグランジュが挙げているオイラーの2論文は次のとおりである．

[E29]「ディオファントス問題の整数による解法について」(1738年)
[E279]「2次不定式の整数による解法について」(1764年)

ペルの方程式はフェルマがイギリスの数学者たちに提示した問題で，不定方程式論の視点から見ると2次不定方程式の一例にすぎないように見えるが，ラグランジュは「そうではない」と明確にこれを否定した．なぜなら「2個の未知数をもつ2次

不定問題の一般的解決は正にこの場合に帰着する」からというのである．このあたりのいかにも深遠な洞察はラグランジュならではのものであり，まさしく今日の不定方程式論の源泉である．

ラグランジュはオイラーの2論文を指定したが，前に挙げた[E323]「ペルの問題を解決する新しいアルゴリズムの利用について」とともに，次の論文も重要である．

> [E559] 式 $axx+1=yy$ の解法のための新しい手法（1783年）

この論文でもペルの方程式が取り上げられている．

ラグランジュの言葉にもどりたいと思う．ラグランジュはオイラーの2論文に言及した後に，「だが，このテーマが極め尽くされたと言うにはあまりにも多くの事柄が欠如している」と続けた．次に引くのは，オイラーの論文を批評するラグランジュの言葉である．

> それというのも，1°. オイラー氏は方程式 $A+Bt^2=u^2$ において，B が正数で，しかも t と u が整数であるべき場合だけを考察したにすぎない．2°. その場合において，オイラー氏はこの方程式のひとつの解がわかっているものと仮定して，その解から他の無限に多くの解を導き出す手段を与えている．これは，この偉大な幾何学者が，提出された方程式が解けるか否かをアプリオリに知るための2, 3の規則をも与えるべくつとめなかったということではない，しかし，それらの規則は単に機能的な考察を通じて取り出されるだけで，根拠のあやふやな諸原理に基づいているにすぎないし，そればかりではなく，既知とされるべ

き最初の解の探索のために何の役にも立たないのである（『ペテルブルク新紀要』，第9巻の第1論文，わけてもその論文の38頁の結論を参照せよ）．（同上）

ここでラグランジュが参照するようにと指示しているオイラーの論文は［E279］「2次不定式の整数による解法について」である．ペルの方程式から出発して，一般の2次不定方程式へと進もうとする構えはすでにオイラーにおいて認められるが，ラグランジュはオイラーを先人として同じ道をいっそう深くたどろうとしている．

不定方程式論のはじまり

ラグランジュの論文「2次不定問題の解法について」の序文を続けよう．

> また，3°. ただひとつの解が知られるや否や，ただちに無限に多くの解を見つけ出そうとしてオイラー氏が与えている式は，およそ存在する限りのあらゆる解を含むとは必ずしも限らないし，A が素数でなければ，そのようなことは不可能である．
>
> 私がこのテーマに関してしばらく前から手掛けてきたさまざまな研究は，$A + Bt^2 = u^2$ という形の方程式，および一般に2個の未知数をもつあらゆる2次方程式を解くための，直接的で，しかも一般的な新しい方法へと私を導いた．その際，未知数は任意の整数もしくは分数としてもいいし，あるいはまた整数でなければならないとしてもよい．そのような方法がこの論文のテーマを形成するのである．それらの方法は数学者たちの注意を引くだけの値打ち

があると私は思う．それらがなお彼らの研究に広大な余地を残していることを思えばなおさらである．（同上，166-167 頁）

ここまでがラグランジュの序文である．一読すると，ラグランジュの関心は「数の性質」から不定方程式へと移行していることがはっきりと諒解される．ペルの方程式を提示したのはたしかにフェルマだが，フェルマが関心を寄せていたのはどこまでも「平方数」であった．ところが，視点を変えると次数 2 の不定方程式に見えるのはまちがいなく，しかもひとたびそのような視点が確保されたなら，そこに足場を定めてなお歩を進め，一般的な形の 2 次不定方程式の世界に分け入ることが可能になる．まさしくそこにラグランジュのねらいがあったのであるから，不定方程式論はラグランジュとともに始まったと言えるのである．ただし，その際，ラグランジュの心情にオイラーの影響が深く及ぼされていたことは，決して忘れることのできない事実である．

2 次不定方程式に続いて，ラグランジュの考察は一般の不定方程式に向かう．次に挙げるのはラグランジュの論文

「不定問題を整数を用いて解くための新しい方法」（1770 年）

の序文に見られる言葉である．ディオファントスからバシェへ．ラグランジュは数論の歴史を不定方程式の解法理論の変遷という観点から回想した．

ディオファントス解析の研究に携わってきた幾何学者たちの多くは，この傑出した創始者（註．ディオファントスのこと）を範として，ひとえに非有理的な値を避けようと心

掛けてきた．彼らのさまざまな方法の技巧はどれもみな，結局のところ，未知量が通約可能な数（註．通常の有理分数のこと）を通じて決定可能となるようにすることに帰着するのである．

この種の諸問題の解決法は通常の解析学の諸原理以外の原理をさほど必要とするわけではない．だが，それらの原理は，求める諸量が単に通約可能であるというだけではなく，整数に等しいと言う条件を加えると，不十分なものになってしまう．

すばらしいディオファントスの註釈およびそのほかのさまざまな著作の著者，バシェ・ド・メジリアック氏こそ，この条件を計算にのせようとした最初の人物であると私は思う．この学識豊かな人物は，2個もしくはもっと多くの未知数をもつあらゆる1次方程式を整数を用いて解くためのある一般的方法を発見した．だが，彼がそれよりもはるかに遠い地点にいたとは思われない．また，彼の後に同じテーマに打ち込んだ人々にしても，ほとんどみな研究を1次不定方程式に限定したのであった．彼らの努力は，結局のところ，この種の方程式の解法に役立ちうるいろいろな方法を変形することに帰着されるが，あえて言うならば，『数の織り成すおもしろくて楽しいいろいろな問題』と題する著作の中に記されているバシェの方法よりも直接的，一般的で巧みな方法をもたらした人物は皆無である．（『ベルリン紀要』，第24巻，1768/70年，181–182頁）

ラグランジュの目に映じたバシェは，次数1の不定方程式の解法を確立した人物である．

オイラーを継承して

ラグランジュの論文「不定問題を整数を用いて解くための新しい方法」の序文を続けよう. バシェが 1 次不定方程式の解法を研究していたことはフェルマも知っていたはずであるにもかかわらず, フェルマは次数を高めて高次の不定方程式の解法を探究しようとはしなかったと, ラグランジュは指摘した. 一般の 2 次不定方程式のことであれば, フェルマが解き方を探究した痕跡は見あたらないが, まったく無関心だったとも言い切れない. ラグランジュはそう思ったようで, 具体的な事例としてペルの方程式を挙げた.

> あれほどの長期間にわたって幾多の成功をおさめつつ整数の理論に携わったフェルマ氏は, バシェ氏が 1 次不定問題の解決につとめたように, 一般に 2 次およびより高次の不定問題を解決しようとはしなかった. 実際のところ, それはまことに驚くべきことである. だが, 彼がこの研究にも力を込めて従事していたことについては, 信じるに足る理由がある. 彼がウォリス氏およびイギリスの全数学者に対して一種の挑戦として提出した問題, すなわち, 2 個の整平方数を見つけて, 一方にある与えられた整数を乗じて, その後に他方から引くとき, 残余が 1 に等しくなるようにするという内容の問題を通じて, そのように考えられるのである. なぜなら, この問題は 2 個の未知数をもつ 2 次不定方程式のひとつの特別の場合であるばかりではなく, そのような方程式の一般的解法の鍵でもあるからである. だが, フェルマ氏がこのテーマの研究を継続しなかったにせよ, 彼の研究がわれわれのところまで届かなかったにせ

> よ，いずれにしても，彼の諸著作の中にその痕跡が何ひとつとして見あたらないのは確かである．（同上，182頁）

ペルの方程式は単に2次不定方程式の一例であるばかりではなく，一般の2次不定方程式の解法の鍵をにぎっている．ラグランジュはこれを洞察し，だからこそ，ペルの方程式を提示したフェルマは2次不定問題の一般理論を考えていたのではないかと推察されるというのである．ラグランジュならではの深い洞察である．真相は不明だが，不定方程式論の視点をフェルマに投影することはできないであろう．

> そのうえ，フェルマ氏の問題を解決したイギリスの幾何学者たちは，2次不定問題の一般的解決に対するこの問題の重要性について何も知らなかったように思われる．少なくとも彼らがそれを利用した形跡はない．もし私が誤っているのでなければ，2個の未知数をもつ任意の2次方程式について，そのひとつの解がすでにわかっているものとするときに，どのようにしたなら無限に多くの整数解を見出すことが可能かということを示した最初の人物はオイラー氏である．

> 数学のあらゆる分野が恩恵をこうむっているこの偉大な幾何学者は，この種の方程式が何らかの整数解を受け入れるのはいつかということを，アプリオリに識別する研究をも手掛けた．そうして帰納的な道筋をたどって，ひとつの規則を発見した．それは，もし一般的に成立するのであれば，アリトメチカの最も美しい諸定理のひとつを，その内部に秘めているのである．（同上，182-183頁）

不定問題の領域においてもまたオイラーの継承者であることを，ラグランジュ自身も深く自覚していたのである．

オイラーを越えて

続いてラグランジュはオイラーが発見した規則に言及する．

> この規則は，
>
> $A = p^2 - Bq^2$
>
> （A と B は与えられた整数．p と q は二つの不定数）
>
> という形のどの方程式も，A が
>
> $$4nB + a^2 \quad \text{もしくは} \quad 4nB + a^2 - B$$
>
> （n と a は任意の整数）
>
> という形の素数のとき，あるいは，A の素因子がみなそれぞれこれらの形状のいずれかであるときにはつねに整数を用いて解けるというものである（『ペテルブルク新紀要』，第 9 巻，第 1 論文参照）．（同上，183 頁）

『ペテルブルク新紀要』，第 9 巻（1762, 63 年．1764 年刊行）の第 1 論文はオイラーの論文［E279］「2 次不定式の整数による解法について」を引用して，オイラーが発見した規則を再現したが，続いてこの規則はまちがっていることを指摘した．

> オイラー氏はこの定理の証明を与えていない．そのうえ，証明を見つけることができなかったと打ち明けている．私もまた長い間，証明を探し求めたが，実を結ばなかった．だが，ついに，私は偶然にもある方程式に出会った．私は，その方程式ではオイラー氏の規則が成立しないことを認めたのである．その方程式は
>
> $$101 = p^2 - 79q^2$$

である．ここで，101は素数であり，$B = 79, a = 38$および$n = -4$とすると，$4nB + a^2 - B$という形である．したがって，この方程式は整数を用いて解けなければならないはずである．だが，われわれの方法で容易に確かめられるように，この方程式は解けないのである．

もしオイラー氏の定理を限定して，$4nB + \alpha$という形の素数はどれもみな$p^2 - Bq^2$という形でもある，ただしαが$p^2 - Bq^2$という同じ形の素数のとき，というふうに言うことにしたいのであれば，先ほどの例はこのような限定もなお不十分であることを示している．なぜなら，$n = -2$および$B = 79$とすると，

$$101 = 4nB + 733$$

となり，733は，$p = 38$および$q = 3$とすると$p^2 - Bq^2$という形である．ところが101は$p^2 - Bq^2$という同じ形状ではないのである．（同上）

ラグランジュは素数$A = 101$を例にとってオイラーの主張がまちがっていることを説明し，同時に改訂案を提示した．オイラーの主張によれば，不定方程式$A = p^2 - 79q^2$が解をもつためには，nとBを適切に定めるとき，ともあれAの素因子は$4nB + \alpha$という形でなければならない．そのうえでオイラーは数αがもつべき形状について，「a^2もしくは$a^2 - B$という形に表されること」という条件を課した．ところが$A = 101$についてはこの条件が満たされているにもかかわらず，不定方程式$101 = p^2 - 79q^2$は解をもたないのである．

そこでαに課される条件を変更して，「αもまた$p^2 - Bq^2$という形である」というふうにするとどうなるであろうか．

$A = 101, B = 79$ の場合，$n = -2$ と取ると $101 = 4nB + 733$ と表示され，733 は $p = 38, q = 3$ と取ると $p^2 - Bq^2$ という形に表される．それゆえ，もし新たに提案された条件が可解条件でありうるのであれば，方程式 $101 = p^2 - Bq^2$ は解をもつはずである．だが，ラグランジュは別の道を経由して，この方程式は解をもたないことを明らかにした．したがって，新たな条件はオイラーの条件に取って代わることはできないのである．

ここまでに述べてきた通りのあらゆる事柄により明らかになるように，1613 年に刊行されたバシェ氏の著作以来，今日にいたるまで，あるいは少なくとも私が昨年公表した論文「2 次不定問題の解法について」にいたるまで，この種の諸問題の理論は，適切な言い方をするなら，一次を越えて押し進められたことはなかったのである．

私は，たったいま言及した論文の中で，2 個の不定数をもつあらゆる 2 次方程式はどのようにして，

$$A = p^2 - Bq^2$$

というきわめて簡単な形状につねに帰着されうるかということを示し，続いて，この種の方程式のおよそ存在する限りのすべての整数解と分数解を見出だすための直接的で，しかも一般的な方法を与えた．B が正の数で，p と q が整数であるべき場合に対する方法は，実際のところ，少々長くて複雑である．しかもそんなふうになるのはある一点においてのことであり，その一点のために，この方法はたどりがたいものになってしまうのである．私はそれを認める．だが，この困難な事柄の本性そのものを措いて，他の

いかなるものにも帰すべきではないと私は思う．しかし私は，その後，この方法を著しく簡易化して，しかも任意次数の方程式に拡張する手段を発見した．それこそ，私がこの論文において力の及ぶ限り整然と，しかも明晰に展開しようと思っていることなのである．（同上，183–184 頁）

序文はもう少し続くが，ここから先は連分数に関する注意事項が書かれているだけである．2 篇の論文「2 次不定問題の解法について」「不定問題を整数を用いて解くための新しい方法」の序文を通読してあらためて心に沁みるのは，不定方程式論はラグランジュとともに始まったのだというしみじみとした感慨である．直角三角形にまつわる平方数へのこだわりはラグランジュには微塵もなく，一般の 2 次不定方程式へと一挙に歩を進め，さらに高次の不定方程式への道も模索されている．

ディオファントスとバシェの著作やフェルマの「欄外ノート」に書かれていることは不定方程式の解法理論のように見えるが，そのように見えるのはラグランジュの視点に立つからで，ディオファントスとバシェ，それにフェルマが探究したのはどこまでも「数の性質」であった．それらをラグランジュは不定方程式という，いわば大きな風呂敷に包もうとした．するとディオファントス，バシェ，フェルマには思いもよらなかった対象が発生した．一般の形の 2 次不定方程式などはその際立った事例だが，ラグランジュの風呂敷には高次の不定方程式なども包まれている．

4 ── 素数の形状理論

2次式で表される数

　数論にテーマを求めたラグランジュの論文は7篇まで数えられる．ほかに数値方程式の解法に関する2篇の論文があり，正整数の平方根の連分数の話題が取り上げられている．どの論文にも歴史的回想が伴っていて，とてもおもしろい読み物になっている．ラグランジュの書き物の特色で，数論への最高の入門書である．

　5篇の論文のひとつに「アリトメチカ研究」があり，1801年のガウスの著作に通じる表題であることにも興味をそそられる．第1部，第2部と2部構成で，2回に分けて公表された．第1部は『ベルリン新紀要』（1773年．刊行年は1775年）の265頁から312頁までを占め，ラグランジュ全集で見ると第3巻の695頁から758頁までを占めている．第2部は同じ『ベルリン新紀要』（1775年．1777年刊行）に掲載され，323頁から356頁まで．ラグランジュ全集の第3巻の759頁から795頁までを占めている．初出の『ベルリン新紀要』のテキストでは総計82頁．全集版のテキストで見ると総計101頁になる．本論は第2部で，第1部は予備的考察にあてられている．

　次に引くのは第1部の書き出しの言葉である．

　　この研究の対象は，式
　　$$Bt^2 + Ctu + Du^2$$
　　で表すことのできる数である．ここで，B, C, D は与えられた整数とする．t と u も整数だが，これらは不定とする．私はまずこの種の数が受け入れるさまざまな形状をこ

とごとくみな見出す方法を与える．次に，これらの形状を可能な範囲で最も少ない個数に削減する方法を与える．それらの実用向きの諸表の作成法を指示して，数の約数の研究におけるそれらの表の使い方を明らかにする．最後に，$Bt^2 + Ctu + Du^2$ という同じ形状の素数に関する若干の定理の証明を与える．それらのうちのいくつかはすでに知られているものだが，これまで証明されたことはなかった．他のものはまったく新しい．（『ベルリン新紀要』，第4巻 1773/75年，265頁）

このあのち，「はしがき」「所見」「註釈」と続いていく．「はしがき」を見ると，「以下の叙述では，あらゆる文字はつねに正または負の整数を表すものとする．また，アルファベットのはじめのほうの文字では与えられた数が，末尾のあたりの文字では不定数が表されるのが普通である」と記されている．これは文字の使い方に関する注意事項である．

次に引くのは「所見」に見られる言葉だが，2次形式で表される数を考察しようとする数学的意図が表明されている．

> 1次式 $Bt + Cu$ は任意の数を表すことができる．ここで，B と C は任意の与えられた数であり，互いに素である．だが，2次式 $Bt^2 + Ctu + Du^2$ については状勢は一変する．なぜなら，われわれがすでに示したように（1767年と1768年の『ベルリン紀要』参照），方程式
> $$A = Bt^2 + Ctu + Du^2$$
> が整数解をもつのは若干の特別の場合のみであり，与えられた数 A, B, C, D の間に一定の諸条件が成立するときに限られるからである．（同上，265-266頁）

1767/69 年の『ベルリン紀要』には「2 次不定問題の解法について」，1768/70 年の『ベルリン紀要』には「不定問題を整数を用いて解くための新しい方法」が掲載されている．

続いて「註釈」を読むと，こんなふうに語られている．

> それゆえ，1 次式と 2 次式の間には大きな相違がある．後者の式はある種の特定の数だけしか表すことができない．それらの数は固有の諸性質を通じてそれら以外のあらゆる数と区別しなければならないのである．ところが，それに対し，前者の式はおよそ可能な限りのあらゆる数を表すことができるのである．真に偉大な幾何学者たち（註．ラグランジュの念頭にあるのはフェルマとオイラーである）はすでに，
>
> $t^2+u^2, \quad t^2+2u^2, \quad t^2+3u^2, \quad t^4+u^4, \quad t^8+u^8, \quad \cdots$
>
> というような，2 次式もしくはそれ以上の次数の式のいくつかで表されうる数の諸性質を考察した．だが，私の知る限りでは，このテーマを直接的でしかも一般的に取り扱った人はこれまでにいなかったし，任意の与えられた式に関わりうる数の主要な諸性質をアプリオリに見出すための規則を与えた人もまたいなかった．
>
> この問題はアリトメチカの最も興味深い諸問題のひとつであり，また，わけてもそこに内包される種々の大きな困難のために，幾何学者たちの注意を引くだけの値打ちがある．そこで私は，これまでになされたよりもはるかに徹底してこの問題を取扱うようにつとめるつもりである．だが，さしあたり 2 次式に限定し，まずはじめに，2 次式で表されうる数の約数の形状はどのようなものであるべきか

ということを調べることにする．（同上，266 頁）

「2 次式で表される数」の形に関心が寄せられている様子が伝わってくる．

素数の線型的形状と平方的形状

ラグランジュが挙げているいくつかの式のうち，最初の 3 例，すなわち

$$t^2 + u^2, \quad t^2 + 2u^2, \quad t^2 + 3u^2$$

について，ラグランジュは次のような註記を書き留めている．

> はじめの三つの定理は久しい以前から幾何学者たちに知られていたものだが，フェルマ氏に負っていると私は思う．だが，オイラー氏こそ，それらを証明した最初の人物である．オイラー氏の証明はペテルブルク帝国科学アカデミー新紀要，第 4, 6, 8 巻において見ることができる．彼の方法はわれわれの方法とはまったく異なっている．そのうえ，その方法が適用可能なのは数 a が 3 を越えない場合に対してのみである（註．オイラーは $t^2 + au^2$ という形の数の約数に関心を寄せている）．たぶんこのような事情のために，この偉大な幾何学者はこのテーマに関する研究をいっそう遠い地点まで押し進めることを妨げられたのである．（同上，279 頁）

> それよりも前に彼が旧紀要，第 14 巻において証明を欠いたままで与えた諸定理について言えば，彼は新紀要の引用された諸巻では，それらをめぐって何事も語っていないし，そのうえ，それらの証明は $t^2 + u^2, t^2 + 2u^2$，それに

t^2+3u^2 という形のもの以外の数には及ぼしえないことに気づいてさえいた（第 6 巻，214 頁）．それゆえ，彼がそれらを帰納的な道筋をたどって発見したにすぎないというのは本当のようである．（同上）

これだけの記述ではわかりにくいが，ラグランジュが語っているのは「素数の形状に関する理論」というべき理論のことで，もっとも適切な範例は「直角三角形の基本定理」である．この定理の文言を言い換えると，「$4n+1$ という形の素数は 2 次式 x^2+y^2 で表される」というふうになるが，「4 で割ると 1 が余る素数」，言い換えると「4 の倍数よりも 1 だけ大きい素数」というのは $4n+1$ という形の素数のことにほかならないが，これを素数の**線型的形状**と呼ぶことにする．他方，x^2+y^2 という形に対しては**平方的形状**という呼称が相応しい．

また，オイラーの『旧紀要，第 14 巻』の論文というのは，

[E164]「$paa \pm qbb$ という形状に含まれる数の約数に関する諸定理」（1751 年）

のことである．この論文には，a と b は互いに素な数とするとき，a^2+Nb^2 という形の数とその約数に関する 59 個の定理が列挙されている．証明は記されていないが，オイラーは帰納的な道筋をたどってそれらの定理に到達した模様である．

素数の形状理論を語る

数の線型的形状と平方的形状という言葉を用いると，「直角三角形の基本定理」は，

$4n+1$ という線型的形状をもつ素数はつねに x^2+y^2 という平方的形状をもつ．

> XLVIII.
>
> FERMAT A FRENICLE (²).
>
> < 15 juin 1641 >
>
> (B, f° 26 v°–28 r°.)
>
> 1. La proposition fondamentale des triangles rectangles est que tout nombre premier, qui surpasse de l'unité un multiple de 4, est composé de deux quarrés (⁴).

フェルマの書簡より. 第 48 書簡, 1641 年 6 月 15 日.「直角三角形の基本定理 (La proposition fondamentale des triangles rectangles) とは …」と書き出されている.

というふうに表明される. これを原型として,「素数の形状に関する理論」が誕生した. この理論を作ったのはラグランジュで, そのラグランジュにはまたしてもオイラーの影響が深く及ぼされている.

ラグランジュは『ベルリン新紀要』の第 4, 6, 8 巻に掲載されたオイラーの論文を参照するように指示している. それらは下記の通りである.

[E228]「二つの平方数の和であるような数について」(1758 年. この論文では「直角三角形の基本定理」の証明が試みられている)

[E256]「純粋数学における観察の有益さの模範例」(1761 年. ここでは「$8n+1$ 型および $8n+3$ 型の素数は $2a^2+b^2$ という形である」という命題が表明されている. 前者の $8n+1$ 型の素数についてはオイラーは証明に成功した模様だが, 未発表に終った. 後者の $8n+3$ 型の素数については, オイラーは証明することができなかった)

[E272]「多くの証明において前提とされているアリトメチカの 2, 3 の定理の補足」(1763 年.「$6n+1$ 型の素数は

$a^2 + 3b^2$ という形である」という命題の証明が記載されている）

ラグランジュは「アリトメチカ研究」第2部において素数の形状理論の形成史を回想した．そこで，まずそれを一読したいと思う．

フェルマ氏は下記の諸定理をはじめて発見した．

$1°$. $4n+1$ という形のあらゆる素数は $y^2 + z^2$ という形である．（註．直角三角形の基本定理）

$2°$. $6n+1$ という形のあらゆる素数は $y^2 + 3z^2$ という形である．

$3°$. $8n+1$ という形のあらゆる素数は $y^2 + 2z^2$ という形である．

$4°$. $8n+3$ という形のあらゆる素数は $y^2 + 2z^2$ という形である．

$5°$. $8n \pm 1$ という形のあらゆる素数は $y^2 - 2t^2$（註．z ではなく t が使われているのは原文のとおり）という形である．

$6°$. $4n+3$ という形であって，しかも末尾の数が3もしくは7であるような二つの素数の積はつねに $y^2 + 5z^2$ という形である．特に，そのような数の各々の平方もまた $y^2 + 5z^2$ という形である．

これらの定理のうち，はじめの四つの定理と最後の定理はウォリス氏の『書簡集』所収のフェルマ氏のディグビィ氏宛書簡（ウォリス著作集，第2巻，857頁）の中に見出される．第5番目の定理は，実はフェルマ全集，168，

170 頁で公にされているフレニクル氏のフェルマ氏宛書簡の中にしか見出だされない．だが，これらの手紙によれば，フェルマ氏もまたすでにこの定理を独自に発見していたように思われるのである．(『ベルリン新紀要』，1775/77 年，337–338 頁)

フェルマの全集というのは，ここではフェルマの子供のサミュエルが編纂した著作集のことで，1679 年に刊行された．フレニクルからフェルマへの手紙は 1641 年 8 月 2 日付の 1 通（166–168 頁）と，1641 年 9 月 6 日付の 1 通（169–173 頁）が収録されている．

5 ── 素数の形状理論への道

ラグランジュの言葉を続けよう．

これらの定理の証明はどうかといえば，フェルマ氏は証明を与えなかった．少なくとも，われわれに遺されているこの学識豊かな人物の諸著作の中には，証明の痕跡は何ひとつとして見あたらない．だが，オイラー氏はその埋め合わせを企図して，実際にはじめの 2 定理と，それに第 3 番目の定理の証明にも成功した．ただし，これまでのところでははじめの 2 定理の証明だけしか公表されていない（『ペテルブルク新紀要』，第 5, 6, 8 巻参照）．(同上，338 頁)

『ペテルブルク新紀要』，第 5, 6, 8 巻にはそれぞれオイラーの 3 篇の論文 [E241] [E256] [E272] が掲載されている．後者の 2 論文については既出．[E241] は「$4n+1$ という形のあらゆる素数は二つの平方数の和になるというフェルマの定理の

証明」で，ラグランジュが定理 1° として挙げた「直角三角形の基本定理」がここで証明された．

フェルマ氏の他の諸定理，わけても第 4 番目の定理（註．145 頁参照）については，オイラー氏は証明に到達できなかったと打ち明けている（註．[E256]）．オイラー氏が帰納的考察を通じて発見した他のいくつかの類似の定理についても事情は同様である（引用された紀要の第 6 巻，221 頁および第 8 巻，127 頁参照）．それらの定理は次の通りである．

7°．$20n+1$ および $20n+9$ という形のあらゆる素数は y^2+5z^2 という形である．
8°．$24n+1$ および $24n+7$ という形のあらゆる素数は y^2+6z^2 という形である．
9°．$24n+5$ および $24n+11$ という形のあらゆる素数は $2y^2+3z^2$ という形である．
10°．$28n+1, 28n+9, 28n+11, 28n+15, 28n+23, 28n+25$ という形のあらゆる素数は y^2+7z^2 という形である．

そのほかにもなお，ペテルブルク帝国科学アカデミー旧紀要，第 14 巻の中に，はるかに多くの類似の定理がある．だが，今までのところ，それらのどれも証明されていない．（同上）

『サンクトペテルブルクアカデミー紀要』，第 14 巻には，オイラーの論文 [E164]（143 頁参照）が掲載されている．ラグランジュの眼前には，素数の形状に関するフェルマのわずかな言葉と，オイラーのいくつかの論文があった．ラグランジュは

それらを土台にして一般理論を構築し，諸定理を同一の視点に立って一挙に証明しようと試みた．**素数の形状理論**，すなわち素数の線型的形状と平方的形状に関する大きな理論が，こうして誕生した．

ラグランジュが構築した一般理論（後述）の適用範囲は広大で，ラグランジュの力をよく示しているが，$4n+3$ 型の素数，すなわち「4で割ると3が余る素数」に限定されているところに難点があった．その代わり $4n+3$ 型の素数に対してはきわめて強力で，10個の定理（145, 147頁）のうち

　　定理 2° において，n が奇数の場合
　　定理 4°
　　定理 5° において，$8n-1$ 型の素数に関する部分
　　定理 7°–10° のうち，$4n+3$ 型の素数に関する部分

は，ことごとく一般理論の一環としてたちまち証明された．ところが，この理論は $4n+1$ 型の素数に対しては無力であった．それでもラグランジュは個々の場合について特別の工夫を凝らし，いくつかの結論を得ることができた．それらの中には，

　　定理 1° の直角三角形の基本定理
　　定理 2° において，n が偶数の場合
　　定理 3° の $8n+1$ 型の素数の線型表示
　　定理 5° において，$8n+1$ 型の素数に関する部分

が含まれている．定理 7°–10° についても，$4n+1$ 型の素数に関する部分は，$24n+5$ 型と $28n+9$ 型の素数を除いてすべて証明された．

一般理論をめぐって，ラグランジュ自身，こんなふうに語っている．

第 45 節の諸定理は $4n-1$ という形の素数のみを視圏にとらえている. $4n+1$ という形の素数（註. $4n+3$ という形の素数と同じ）に関して同様の諸定理を獲得するためには, $4na+b$ という形の素数は, b が $4m+1$ という形のときはつねに t^2+au^2 もしくは t^2-au^2 という形の何らかの数の約数でありうることを証明することができなければならない. なぜなら, われわれはすでに, $t^2\pm au^2$ の約数であるような $4n+1$ 型の素数はどれもみな $t^2\mp au^2$ の約数でもあることを示したからである. ところで, 帰納的考察は, $t^2\pm au^2$ の約数に適合する形状の素数はいつでも実際にそのような数の約数でありうることを, 明示しているように思われる. だが, それにもかかわらず, この命題は, $4n+1$ 型の素数に関してはごくわずかな場合についてのみ, 厳密に証明することができるにすぎない. 少なくとも, それを成し遂げるべく私が行ったあらゆる試みは, 今のところ実りのないままに終始している. そこで, 私はここでは若干の特別の場合に於ける研究の諸結果を報告するだけにとどめることにする. それらの場合については, 私はいま話題になっている命題の証明を首尾よく発見したのである. それらは, $b=1$ かつ $a=1,2,3,5,7$ もしくは a がそれらの数のうちのいくつかの積に等しい場合, あるいは $b=9$ かつ $a=5,10$ の場合である.　（同上, 350 頁）

6 ── オイラーによる「直角三角形の基本定理」の証明手順の回想

素数の全体を「$4n+1$ 型の素数」と「$4n+3$ 型の素数」に大きく二つに区分けするとき, ラグランジュは後者の素数を相

手にして「素数の形状に関する一般理論」を構築することに成功した．その際の基本的なアイデアは，オイラーによる「直角三角形の基本定理」の証明に宿っている．そこでオイラーの証明のあらすじを回想してみたいと思う．

オイラーはまずはじめに

(1) 互いに素な二つの平方数の和の奇約数はやはり二つの平方数の和の形に表される．

という補助的命題を準備して，そののちに，

(2) $4n+1$ 型の素数はつねに，互いに素な二つの平方数の和の形に表される何らかの数の約数である．

という事実を証明した．この二つの事実が確立されたなら，「直角三角形の基本定理」はそこから導かれるが，(2) で問われている事柄が問いとして成立するためには，その前提として，ひとつの事柄が準備されていなければならない．それは，

互いに素な二つの平方数の和の形に表される数の奇約数は，つねに $4n+1$ という形である．

という事実を確認することで，オイラーはこれを論文［E134］「数の約数に関する諸定理」において遂行した．これではじめて，その逆を問う (2) が意味をもつようになる．

この証明の手順を一般的な視点から眺めると，(1) のテーマは「2 次式 t^2+au^2 の奇約数の平方的形状の決定」である．オイラーは $a=1,2,3$ の場合にのみ，これを決定したが，ラグランジュは大きく歩を進めて完全な決定に成功した．これが「アリトメチカ研究」第 1 部のテーマである．

> RECHERCHES D'ARITHMÉTIQUE.
>
> PAR M. DE LA GRANGE.
>
> Ces recherches ont pour objet les nombres qui peuvent être représentés par la formule $Bt^2 + Ctu + Du^2$, où B, C, D sont supposés des nombres entiers donnés, & t, u des nombres aussi entiers mais indéterminés. Je donnerai d'abord la maniere de trouver toutes les différentes formes dont les diviseurs de ces sortes de nombres sont susceptibles; je donnerai ensuite une méthode pour réduire ces formes au plus petit nombre possible; je montrerai comment on en peut dresser des Tables pour la pratique; & je ferai voir l'usage de ces Tables dans la recherche des diviseurs des nombres. Je donnerai enfin la démonstration de plusieurs théoremes sur les nombres premiers de la même forme $Bt^2 + Ctu + Du^2$, dont quelques-uns sont déjà connus, mais n'ont pas encore été démontrés, & dont les autres sont entierement nouveaux.
>
> AVERTISSEMENT.
>
> 1. On suppose toujours dans la suite que toutes les lettres désignent des nombres entiers positifs ou négatifs; & on représentera ordinairement par les premieres lettres de l'alphabet les nombres donnés, & par les dernieres les nombres indéterminés.
>
> OBSERVATION.
>
> 2. La formule du premier degré $Bt + Cu$, où B & C sont des nombres quelconques donnés & premiers entr'eux, peut représenter un nombre quelconque; mais il n'en est pas de même de la formule du second degré $Bt^2 + Ctu + Du^2$; car nous avons prouvé ailleurs (voyez les Mémoires de l'Académie pour les années 1767 & 1768) que l'équation $A = Bt + Cu$ est toujours résoluble en nombres entiers, quels que soient les

ラグランジュの論文「アリトメチカ研究 第 1 部」の第 1 頁

次に，(2) のテーマは「2 次式 $t^2 + au^2$ の奇約数の線型的形状の決定」である．オイラーが $a = 1$ の場合にそうしたように，このテーマはさらに二分される．まず，

2 次式 $t^2 + au^2$ の奇約数の線型的形状の候補者

を列挙して，その後に，

逆に，そのような線型的形状をもつ素数は必ず，2 次式 $t^2 + au^2$ の約数である．

という事実の確立をめざすのである．オイラーは前者についてあちこちで一般的な言明を報告した．後者は難問だが，実はこれが「素数の形状に関する理論」の鍵であり，この理論の成立の可能性を一手ににぎっている．オイラーは $a = 1$ と $a =$

第 3 章 ラグランジュと不定方程式 151

3 の場合に成功し,そのおかげで「直角三角形の基本定理」と,「$6n+1$ という形の素数は a^2+3b^2 という形に表される」という定理を証明することができた.ラグランジュは一般的な証明を獲得することはできなかったが,その代わり,「$4n+3$ という形の素数はどれもみな必ず二つの式 t^2+au^2, t^2-au^2 のどちらかの約数である」という事実に気づき,これを梃子にして,$4n+3$ 型の素数に対する一般理論を構築した.

オイラーによる「直角三角形の基本定理」の証明は,素数の形状に関する一般理論の雛形である.

二つの異なる奇素数間の相互法則

オイラーが「直角三角形の基本定理」を証明する際にたどった道筋を再現しようとする試みの中から,ラグランジュの手で「素数の形状に関する一般理論」が育まれた.もっともラグランジュはこの理論をすっかり完成させたというわけではなく,理論構築に成功したのは $4n+3$ 型の素数に対してのみで,$4n+1$ 型の素数にまでは及ばなかった.そこに着目したのがルジャンドルである.ルジャンドルは 1785 年の論文「不定解析研究」においてラグランジュの論文「アリトメチカ研究」を回想し,$4n+1$ 型の素数の取り扱いはむずかしいことを指摘して,それから「($4n+1$ 型の素数に比べて)$4n+3$ 型の素数がもたらす困難はずっと小さいように思われる」という所見を表明した.

$4n+3$ 型の素数がなぜ大きな困難をもたらさないのかというと,「そのような数は必ず式 t^2+cu^2, t^2-cu^2 のいずれかを割り切る.したがって,それらの式の各々の約数の考察を通じて,t^2-cu^2 を割り切らない形の数は必ず t^2+cu^2 を割り切る

という結論をくだすことができるのである」と言い添えた．ラグランジュの方法の要点を的確に指摘する言葉だが，この論法は $4n+1$ 型の素数に対しては無力である．ではどうするかというところにルジャンドルの工夫があり，この困難を乗り越えるために，ルジャンドルは二つの**奇素数の間の相互法則**を提案した．

ルジャンドルが提案した相互法則は $4n+1$ 型の素数と $4n+3$ 型の素数の関係を記述するもので，この法則を用いて，2種類の素数間に交通路を開き，$4n+3$ 型の素数を対象とするラグランジュの理論を $4n+1$ 型の素数にも適用できるようにしようというのである．卓抜なアイデアではあるが，惜しいことに正確な証明にいたらなかったことはよく知られている．

数論の領域でフェルマが書き残した命題のいくつかを紹介してきたが，フェルマが構成した数論的世界を概観して言えるのは，ディオファントスに学び，ディオファントスを越えようとする方向が明示されているという一事である．ディオファントスには幾何学の影響が顕著で，わけてもピタゴラスの定理に寄せる心情が全篇の基調になっているように思う．ときたま3乗数が顔を出すこともあるが，しきりに登場するのは平方数で，直角三角形の3辺の長さや面積に関連する話題が際立っている．これに対し，フェルマが提示した命題は幾何学とは無縁のものが多く，純粋に「数の理論」というほかはないものにあちこちで出会う．この傾向はオイラーにも継承されている．ここにおいて直面するのは「数論とは何か」という根本的な問いであり，この問いに対しラグランジュは「不定方程式の解法理論」であると応じた．このラグランジュの認識がそのまま今

日に継承され，こうして不定方程式論は数論になったというのが，ここまでのところで到達した結論である．

　素数の線型的形状と平方的形状に関する一般理論は，「直角三角形の基本定理」に端を発し，オイラーを経てラグランジュが構想した大理論で，フェルマ以降の数論の極北を示している，完成の域に高めるには相互法則が必要になるというのがルジャンドルの認識であった．ルジャンドルは証明を試みたが，なかなか成功しないところに次の世代のガウスが出現し，しかもそのガウスの数論の出発点に位置を占めるのはほかならぬ平方剰余相互法則そのものであった．

第4章
相互法則の世界

1 ── カール・フリードリッヒ・ガウスと『アリトメチカ研究』

オイラーの高原とガウスの峡谷

　ガウスはオイラーとともに西欧近代の数学の根底を作った人物である．根底と言う代わりに2本の柱と言ってもよく，どちらでも同じ意味になる．オイラーの師匠のヨハン・ベルヌーイをはじめ，ヨハンの兄のヤコブ，ライプニッツ，ニュートン，フェルマ，デカルトなど，オイラー以前の数学者たちの成し遂げた偉大な数学的思索はことごとくみなオイラーに流れ込み，オイラーを経由してはじめて今日の数学の芽になった．オイラーはさながら天上界と見紛うほどの高空に広々と広がる高原のようで，そこに歩を運べば，オイラー以前のあらゆる数学がそれぞれの場所に位置を占め，美しく咲き誇っているのである．

　オイラーに比べると，ガウスはまるで峻険無比の谷のようで，あまりにも深いためにどれほど目を凝らしても底が見えないほどである．ガウスの父はゲプハルト・ディートリヒという人で，煉瓦職人と紹介されることがあるが，ダニングトンによる古典的評伝『カール・フリードリッヒ・ガウス　科学の巨人』（初版，1955年．邦訳書名『ガウスの生涯』，東京図書）を参照するといろいろな仕事をしていた様子がうかがわれる．水道工事の親方の称号をもっていたこと，ブラウンシュヴァイクとライプチヒの市（いち）で商人の手助けをしたこと，ある大きな埋葬保険会社の会計をまかせられたことなどが書かれている中に，夏の間には「今日なら煉瓦職と呼ばれるような仕事」をしたという記述も見られる．晩年の15年間は造園業に従事していたという記述もある．

> Ceterum principia theoriae, quam exponere aggredimur, multo latius patent, quam hic extenduntur. Namque non solum ad functiones circulares, sed pari successu ad multas alias functiones transscendentes applicari possunt, e. g. ad eas quae ab integrali $\int \frac{dx}{\sqrt{(1-x^4)}}$ pendent, praetereaque etiam ad varia congruentiarum genera: sed quoniam de illis functionibus transscendentibus amplum opus peculiare paramus, de congruentiis autem in continuatione disquisitionum arithmeticarum copiose tractabitur, hoc loco solas functiones circulares considerare visum est. Imo has quoque, quas summa generalitate amplecti liceret, per subsidia in art. sq. exponenda ad casum simplicissimum reducemus, tum breuitati consulentes, tum vt principia plane nota huius theoriae eo facilius intelligantur.

ガウス『アリトメチカ研究』第 7 章より．6 行目にレムニスケート積分が記されている．

人を使う仕事をしていたこともあるようで，賃金を支払おうとして計算していたとき，子供のガウスがまちがいを指摘したというエピソードはよく知られている．ガウスが 3 歳のときのことというが，どうしてそのような話が伝わったのかといえば，ガウス本人が折に触れてザルトリウスに話したからである．ザルトリウスはガウスより 32 歳も年下の若い友人で，ゲッチンゲン大学の地質学者である．ガウスはザルトリウスを話し相手にしてあれこれの思い出を語った．ガウスの没後，ザルトリウスは『ガウスの思い出』(1856 年) という回想録を公表した．ガウスにまつわる多くのエピソードが収録されていて，ガウスの生涯の研究のためにまずはじめに参照しなけらばならない基礎資料である．

ガウスの《数学日記》より

　ガウスの生地はブラウンシュヴァイク公国のブラウンシュヴァイクである．生誕日は 1777 年 4 月 30 日．この日付はガウス本人によるものである．ガウスの母ドロテア・ベンツェはガウスが生れた日を正確に記憶していなかったようで，ただ「昇天祭の八日前の水曜日」とだけガウスに伝えた．これを受けてガウスは「復活祭公式」と呼ばれる公式を考案して生誕日を割り出した．これもまたガウスがザルトリウスに語ったエピソードである．

　少年の日のガウスの天才はブラウンシュヴァイク公国のブラウンシュヴァイク公の目に留まり，長い年月にわたって経済上の庇護を受けることになった．ブラウンシュヴァイクの聖カタリーナ国民学校，ギムナジウム，コレギウム・カロリヌム（Collegium Calorinum．ギムナジウムと大学をつなぐ位置にある学校である）を経て，1795 年 10 月 11 日，ゲッチンゲン大学に入学するためにブラウンシュヴァイクを離れた．この時点でガウスは満 18 歳だが，翌年から《数学日記》を書き始めた．数学的思索の中で心に浮かんだアイデアを書き留めたり，天来の数学的発見に心を打たれてあふれんばかりの喜びを吐露したり，来し方を回想したり，あるいはまた数学の将来を展望したりというふうで，片々たる小冊子ではあるが，西欧近代の数学が生い立っていく姿をありありと伝える第一級の文献である．

　ちなみに第 107 項目を見ると，「このごろ（5 月 16 日），復活祭の年代決定問題をすばらしい方法で解決した」と報告されている．この項目は 1800 年 5 月 16 日の記事である．

　《数学日記》には日付と場所が併記されているため（ときどき欠如していることもある），ガウスの日々の生活の様子もわ

ずかに伝わってくる．全部で 146 個の項目に分れるが，第 1 項目の日付は 1796 年 3 月 30 日．ゲッチンゲン大学に入学して最初の冬学期が終了して帰省中のことで，ガウスの所在地は郷里のブラウンシュバイクである．まだ 18 歳のガウスは

> 円周の分割が依拠する諸原理，わけても円周の 17 個の部分への幾何学的分割が可能であることを… (『ガウス全著作集』，第 10 巻の 1，488 頁)

と略記して，定規とコンパスを用いて円周の 17 等分が可能であることの発見を告げた．この発見は，正 17 角形の作図の可能性と言っても同じことである．正多角形の作図はそれ自体としては純粋に幾何学の問題であり，ユークリッドの『原論』には正三角形と正 5 角形の作図法が記されている．古代ギリシアの幾何学で探求された作図問題のひとつである．ガウスはこの探究を 2000 年の時をこえて継承したことになり，それだけでもすでに驚くべき出来事である．だが，**ガウスは円周等分の理論を数論の範疇において把握して，表題にアリトメチカ（数の理論）の一語を含む著作『アリトメチカ研究』に掲載したのである．**

円周等分の理論と数論との関係を語る前に，円周等分方程式の姿をスケッチしておきたいと思う．n は奇素数として，次数 $n-1$ の多項式

$$X = \frac{x^n - 1}{x - 1} = x^{n-1} + x^{n-2} + \cdots + x + 1$$

を作り，これを 0 と等値すると，次数 $n-1$ の代数方程式

$$X = 0$$

が得られる．この方程式の $n-1$ 個の根は，自然対数の底 e

の複素数冪 $\alpha = e^{\frac{2\pi i}{n}}$ を作るとき，$\alpha, \alpha^2, \cdots, \alpha^{n-1}$ と表される．これらの根に 1 を添え，n 個の数値 $1, \alpha, \alpha^2, \cdots, \alpha^{n-1}$ を複素平面に配置すると，それらの点により単位円周，すなわち原点を中心として半径が 1 の円周は均等に分割される．言い換えると，これらの点は単位円周の n 等分点である．これが方程式 $X = 0$ を円周の n 等分方程式と呼ぶ理由である．

単位円周の n 個の n 等分点の隣り合う 2 点を順次線分で結んでいくと，正 n 角形が描かれる．こうして正多角形の作図問題は円周等分方程式の解法という代数学の問題に帰着された．

17 世紀のはじめ，デカルトは古代ギリシアの数学の成果を集めたパップスの『数学集録』を参照して，さまざまな作図問題を見た．それらの中にはあざやかなアイデアを提示して解決されたものもあれば，解決にいたらなかったものもあった．デカルトはこの状況を観察してある特別の方法を提案し，その方法にしたがえば，思いつくのがむずかしいアイデアは不要であり，パップスの世界では解けなかった難問もさらさらと解けてしまうと批評した．その方法というのは代数の力を借りることである．

和算の特殊算に鶴亀算があり，「亀がいっせいに立ち上がったとしてみよ」という仮想的状況を思い描くと，その瞬間に解けてしまう．実に鮮やかでおもしろいアイデアであり，発見の喜びさえ，そこには伴っている．だが，そのようなアイデアはだれもが思いつくわけではないと，デカルトなら批評するであろう．実際，何のアイデアも浮かばなくても，代数の力を借りれば鶴亀算は易々と解けてしまう．鶴を x 匹，亀を y 匹と想定すれば連立 1 次方程式が立ち上がり，それから先は代数の計算規則のみにしたがって自由に式変形を繰り返していけば x

と y の数値がおのずと判明する．

　これと同様に，デカルトは「パップスの問題」と呼ばれる作図問題を 4 次方程式の解法に帰着させ，その根を表示する代数的な式を求め，その表示式を観察することにより問題を解決した．「3 線・4 線の軌跡問題」という問題はむずかしく，古代ギリシアではようやく円錐曲線であろうという推測がなされたのみに留まっていた．ところが，デカルトが「曲線を表す代数方程式を書く」という方針を定めてこの難問に向かったところ 2 次方程式が出現し，その方程式により表される曲線は円錐曲線であることが，なんでもないことのように明らかになった．

　ガウスはデカルトが指し示した方法に沿って正多角形の作図問題に向い，これを円周等分方程式の解法に帰着させた．円周等分方程式を解いて根の表示式を書き下し，その式の形を見て等分点を配置していけばよいのである．《数学日記》の第 1 項目で語られた 17 等分の場合であれば，17 等分方程式 $X = 0$ は次数が 16 の方程式になるが，その根は加減乗除の四演算のほかに平方根を作る演算を繰り返していくことにより表示される．そのように表示される数値に対応する線分なら，定規（直線を引くのに使う）とコンパス（円を描くのに使う）のみを用いて描くことができる．それゆえ，正 17 角形は定規とコンパスを使って作図可能である．これが《数学日記》の第 1 項目で語られたガウスの発見である．

Column

3線・4線の軌跡問題

平面上に3本の直線 l, m, n が描かれているとして,点 P から l, m, n のそれぞれに向って,ある定められた角度で線分 PL, PM, PN を引く.このとき,積 PL × PM と PN の自乗 PN^2 は前もって指定された一定の比率 k をもつとする.このような点 P のすべてはどのような曲線を描くだろうかというのが,「3線の軌跡問題」である.

4線の軌跡問題では平面上に4本の直線 l, m, n, o が描かれている.点 P からこれらの直線に向って,ある定められた角度で線分 PL, PM, PN, PO を引く.このとき,積 PL × PM と積 PN × PO は前もって指定された比率 k をもつとする.「4線の軌跡問題」ではこのような点 P はどのような曲線を描くだろうかということが問われている.

もう少し一般に,定規とコンパスのみを用いて作図可能な正多角形の角数は,素数の場合に限定すると,$n = 2^{2^k} + 1$ ($k = 0, 1, 2, \cdots$) という形の素数,すなわち**フェルマ素数**に限定される.ガウスが発見したのはこの一般的な状況である.$k = 0$ のときは正三角形,$k = 1$ のときは正5角形が描かれる.ここまでが古代ギリシアの発見である.次の素数,すなわち $k = 2$ に対応する素数が 17 である.

正多角形の作図問題が代数方程式論に帰着される消息はこれで明らかになったが,この幾何学の一問題がガウスにとって数論でありえたのはなぜであろうか.このわけはまだわからない.この点について言及する前に,『アリトメチカ研究』の全体像と相互法則について,もう少し詳しく観察しておきたいと思う.

ガウスの著作『アリトメチカ研究』

 オイラーにはヨハン・ベルヌーイという数学の師匠がいたが,ゲッチンゲン大学時代のガウスには特別の師匠という人はいなかったようで,非ユークリッド幾何学の研究で知られるハンガリーの数学者ボヤイと交際しながら,独自の数学的思索の日々をすごした模様である.1798年9月,ゲッチンゲン大学を卒業して帰郷し,翌1799年7月,ヘルムシュテット大学に「代数学の基本定理」の証明を叙述する論文を提出して哲学博士の学位を受けた.

 1801年9月,ガウスは『アリトメチカ研究』という著作を刊行した.アリトメチカは「数の理論」という意味のラテン語である.巻頭に配置された長文の緒言において,ガウスはアリトメチカに心を惹かれるようになった事情を語っている.ガウスは十分に熟して完成の域に達したものだけしか公にしないと言われることがあるが,実際に公表された著作や論文を見ると,数学研究のさまざまな場において心の動きを自在に語るガウスの姿にしばしば出会う.

 ガウス自身が物語るところによると,1795年の年初,17歳のガウスは「あるすばらしいアリトメチカ(数の理論)の真理」を発見した.その真理はそれ自体としても美しかったが,そればかりではなく,いっそうすばらしい他の数々の真理とも関連があるように思われた.そこでその根底に横たわる基本原理を洞察し,厳密な証明を入手したいという心情に駆られて考察を重ねたところ,まもなく望みどおりの成功をおさめたが,そのころには数論の魅力にすっかり心を奪われてしまい,もう離れることができなくなってしまった.これがガウスの話である.『アリトメチカ研究』はガウスの数論研究の中から最初に

摘まれた果実である．

17歳のときに遭遇した発見は，今日の数論で「平方剰余相互法則の第1補充法則」と呼ばれているものに該当する．ガウスはここから出発して平方剰余相互法則の本体ともうひとつの補充法則（第2補充法則）を発見し，『アリトメチカ研究』において異なる原理に基づく2通りの証明を叙述した．『アリトメチカ研究』は7つの章で編成された大きな作品だが，数論におけるガウスの構想の中ではこの大作それ自体がなお出発点にすぎず，ガウスの数論研究は長い生涯にわたって絶え間なく続いたのである．

『アリトメチカ研究』の目次は次のとおり．

第1章　数の合同に関する一般的な事柄
第2章　1次合同式
第3章　冪剰余
第4章　2次合同式
第5章　2次形式と2次不定方程式
第6章　これまでの研究のさまざまな応用
第7章　円の分割を定める方程式

第1章では数の合同の概念と合同式記号が導入された．三つの整数 a, b, c について，a と b の差 $a - b$ が c で割り切れるとき，**a と b は c を法として合同である**といい，その状況を合同式

$$a \equiv b \pmod{c}$$

により表記する．ガウスは法 c について脚註を附し，「法はつねに絶対的に取らなければならない」と注意を喚起した．ガウ

スはさらにこれを言い換えて,「いかなる符号もつけずにとる」ということであると敷衍した．正負の区分けの根底に，数それ自体というほどの実在感を抱いていたのであろう．

　第1章に続いて第2章では1次合同式の解法が語られた．第3章に移ると，原始根，フェルマの小定理，ウィルソンの定理などが次々と紹介された．ここまでを準備として，第4章では平方剰余相互法則が提示され，数学的帰納法による証明が叙述された．これがこの法則に与えられた最初の正しい証明である．

平方剰余相互法則

　平方剰余は次数2の冪剰余である．pは奇素数，aはpで割り切れない整数として，もし合同式

$$x^2 \equiv a \pmod{p}$$

が解けるなら，言い換えると，この合同式を満たす整数xが存在するなら，そのときaをpの**平方剰余**といい，そうでなければ**平方非剰余**という．

　有理整数の範疇で考えることにして，pとqは相異なる奇素数とすると，pとqの一方を法として，二つの2次合同式

(1) $x^2 \equiv p \pmod{q}$
(2) $x^2 \equiv q \pmod{p}$

が同時に考えられるが，これらは同時に解けたり，同時に解けなかったり，一方は解けても他方は解けなかったりする．合同式(1)が解をもてば，そのときpはqの平方剰余であるといい，合同式(2)が解をもてば，そのときqはpの平方剰余で

あるというのである.

ガウスは合同式 (1) (2) を解くことそれ自体ではなく,両者が解けたり解けなかったりする現象の間に,ある特定の「相互依存関係」が認められるところに深い関心を寄せて,**平方剰余相互法則**を発見した.個々の素数に関心を寄せるのであれば,その探究は古代ギリシア以来のアリトメチカの系譜に位置を占めることになるが,異なる二つの素数の間に相互関係を認識するというのは古代ギリシアの数論の伝統には見られなかったことで,西欧近代の数論に現れたきわめて特異な現象である.

ガウスが発見した相互関係は p と q の形状によって決定される.具体的に言うと,

(場合 I) p と q のどちらか一方が 4 を法として 1 と合同なら,合同式 (1) (2) は同時に解けるか,あるいは同時に解けないかのいずれかである.

(場合 II) p と q がどちらも 4 を法として 3 と合同なら,合同式 (1) (2) のどちらか一方は解けるが,もう一方は解けない.

非常に簡明な数学的事実だが,どうしてこのような相互関係が成立するのか,考えれば考えるほどに不思議さはつのるばかりである.

以上の法則を平方剰余相互法則の本体として,これに二つの補充法則が付随する.ひとつはガウスが 17 歳のときに発見した**第 1 補充法則**で,p は素数として,合同式

$$x^2 \equiv -1 \pmod{p}$$

が解をもつかどうかを教える法則である.この可解性は p の形

によって決まり，$p \equiv 1 \pmod{4}$ のときは解をもち，それ以外のときは解をもたない．

もうひとつは**第2補充法則**で，p は素数として，合同式

$$x^2 \equiv 2 \pmod{p}$$

が解をもつのはどのようなときなのかを教える法則である．解をもつのは $p \equiv 1$ または $7 \pmod{8}$ のときで，それ以外の場合，すなわち $p \equiv 3$ または $5 \pmod{8}$ のときは解をもたない．こんなふうに -1 と 2 は例外で，個別に対処する必要がある．相互法則という言葉があてはまる状況はもう見られないが，平方剰余の理論の枠内において -1 と 2 は特別の位置を占めていて，度外視することはできないのである．

『アリトメチカ研究』の大半を占める長大な第5章では2次形式の「種の理論」が構築される．ガウスは2次形式の理論の中に平方剰余相互法則の証明の原理がひそんでいることを発見したのである．実際，第5章の冒頭に配置された定理には，2次形式と平方剰余相互法則を連繋する橋の存在が示唆されている．今，数 M は2次形式 $ax^2 + 2bxy + cy^2$（a, b, c は有理整数）により表されるとし，しかもその表現を与える不定数 x, y の値は互いに素であるように取れるとしよう．このとき，2次形式 $ax^2 + 2bxy + cy^2$ の判別式 $bb - ac$ は数 M の平方剰余であるというのが，広大な2次形式論の展開にあたってガウスがまずはじめに提示した命題である．

この命題は初等的計算により容易に確認される．実際，数 M が2次形式 $ax^2 + 2bxy + cy^2$ により表されるとすると，等式 $am^2 + 2bmn + cn^2 = M$ を満たす互いに素な二つの整数 m, n が存在する．m と n は互いに素であるから，等式 $\mu m +$

$\nu n = 1$ を満たす二つの整数 μ, ν が存在する．このとき，等式

$$(am^2 + 2bmn + cn^2)(a\nu^2 - 2b\mu\nu + c\mu^2)$$
$$= \{\mu(mb+nc) - \nu(ma+nb)\}^2 - (b^2 - ac)(m\mu + n\nu)^2$$

すなわち，

$$M(a\nu^2 - 2b\mu\nu + c\mu^2) = \{\mu(mb+nc) - \nu(ma+nb)\}^2$$
$$- (b^2 - ac)(m\mu + n\nu)^2$$

が得られる．それゆえ，$m\mu + n\nu = 1$ に留意すると，合同式

$$b^2 - ac \equiv \{\mu(mb+nc) - \nu(ma+nb)\}^2 \quad (\mathrm{mod}.M)$$

が成立するが，これは $b^2 - ac$ が M の平方剰余であることを示している．

2次形式で表される数と2次形式の判別式は平方剰余の概念を媒介として結ばれている．この事実それ自体はかんたんな式変形の帰結にすぎないが，真に恐るべきはこのような親密な関係の存在を洞察したガウスの目の力であろう．ガウスはこの小さな認識から出発して長い峻険な道のりを踏破し，やがて**種の理論の基本定理**という高みに到達したが，そこには平方剰余相互法則の証明原理が待っていた．これが平方剰余相互法則に対するガウスの第2証明である．

第6章はいくつかのおもしろい話題が集められた短篇である．

ガウスの和

『アリトメチカ研究』の第7章のテーマは円周等分方程式論である．ガウスはこの方程式の解法についてさまざまなことを語ったが，数論との関連においてもっとも重い意味をもつのは

ガウスの和の提示と，その数値決定の試みであり，円周等分方程式論の真意もまたその点において認められるのである．

今，n は奇素数，k は n で割り切れない任意の整数として，$P = \dfrac{2\pi}{n}$ と置く．$\mathfrak{R}$ は 1 と $n-1$ の間に挟まれる n のすべての平方剰余を表すとし，$\mathfrak{N}$ は 1 と $n-1$ の間に挟まれる n のすべての平方非剰余を表すとする．このとき，$n \equiv 1 \pmod{4}$ の場合には，等式

$$\sum \cos \frac{k\mathfrak{R}P}{n} - \sum \cos \frac{k\mathfrak{N}P}{n} = \pm\sqrt{n}$$

$$\sum \sin \frac{k\mathfrak{R}P}{n} - \sum \sin \frac{k\mathfrak{N}P}{n} = 0$$

が成立し，$n \equiv 3 \pmod{4}$ の場合には，等式

$$\sum \cos \frac{k\mathfrak{R}P}{n} - \sum \cos \frac{k\mathfrak{N}P}{n} = 0$$

$$\sum \sin \frac{k\mathfrak{R}P}{n} - \sum \sin \frac{k\mathfrak{N}P}{n} = \pm\sqrt{n}$$

が成立する．これらの等式の左辺に現れる二つの式

$$A = \sum \cos \frac{k\mathfrak{R}P}{n} - \sum \cos \frac{k\mathfrak{N}P}{n}$$

$$B = \sum \sin \frac{k\mathfrak{R}P}{n} - \sum \sin \frac{k\mathfrak{N}P}{n}$$

は，今日の語法では**ガウスの和**と呼ばれるようになった．ガウスのねらいはガウスの和の数値を決定することだったが，『アリトメチカ研究』の段階で示された数値は 0 もしくは $\pm\sqrt{n}$ であり，正負の不定符号が附せられている．すなわち，求められたのは絶対値のみであり，符号の確定にはいたらなかったのである．

ただし，ガウスは結果を正しく予想した．k として 1 を

取るとき，あるいはより一般に n の平方剰余を取るとき，$n \equiv 1 \pmod{.4}$ の場合には $A = +\sqrt{n}$, $B = 0$ となり，$n \equiv 3 \pmod{.4}$ の場合には $A = 0$, $B = +\sqrt{n}$ となる．k として n の平方非剰余を取るとき，$n \equiv 1 \pmod{.4}$ の場合には $A = -\sqrt{n}$, $B = 0$ となり，$n \equiv 3 \pmod{.4}$ の場合には $A = 0$, $B = -\sqrt{n}$ となる．

ガウスの和の数値決定に成功すると，その決定様式の観察の中から平方剰余相互法則の新しい証明が取り出される． ガウスは当初よりそのような光景を思い描き，まさしくそれゆえに，「アリトメチカ（数の理論）」の一語を書名にもつ著作に円周等分方程式という特殊な形の代数方程式の考察を収録したのである．絶対値の決定からなお一歩を進めて符号の決定に到達するのは存外にむずかしく，『アリトメチカ研究』の段階ですでに正しく予想していたにもかかわらず，証明を叙述した論文「ある種の特異な級数の和」の概要がゲッチンゲン王立学術協会で報告されたのは 1808 年 8 月 24 日のことであった．論文そのものは 1811 年の『ゲッチンゲン新報告集』，第 1 巻に掲載された（同誌，数学部門，1–40 頁）．こうして平方剰余相互法則の第 4 証明が得られた．3 番目ではなく 4 番目に数えるのはなぜかというと，これに先立ってガウスは初等的証明に成功したからである．

その初等的証明が綴られた論文「アリトメチカの一定理の新しい証明」は 1808 年 1 月 15 日にゲッチンゲン王立学術協会で概要が報告され，『ゲッチンゲン報告集』，第 16 巻（1808 年）に掲載された（同誌，数学部門，69–74 頁）．これが第 3 証明である．

平方剰余相互法則のさまざまな証明を探索するガウスの試み

はさらに続いた．1818 年の論文「平方剰余の理論における基本定理の新しい証明と拡張」（1817 年 2 月 10 日に学術協会で報告された）では二つの証明が報告された．これらが第 5 証明と第 6 証明で，どちらも初等的な性格をもつ証明である．

『アリトメチカ研究』は 7 個の章で構成されているが，ガウスの本来の構想では第 8 章が添えられるはずであった．著作の全体があまりにも大きくなってしまうのを避けるためという理由により実現にいたらなかったが，ガウスの全集に

> 「合同式に関する一般的研究 剰余の解析 第 8 章」（『ガウス全著作集』，第 2 巻，212-242 頁）

という文書が収録されている．これが幻の第 8 章の草稿である．草稿ではあるが完成度は高く，高次合同式の理論が展開されて，そこから平方剰余相互法則の二つの証明が取り出される．これが第 7 証明と第 8 証明である．これで平方剰余相互法則の証明は 8 個になったが，第 7 証明と第 8 証明は同じ原理に基づいている．そこでそれらを同一視して 1 個の証明と見ると，異なる証明の個数は全部で 7 個になる．

2 ── 二つの平方剰余相互法則

ルジャンドルによる「ルジャンドルの記号」

今日の数論の流儀では，平方剰余相互法則は「ルジャンドルの記号」を用いて表示される慣わしが定着しているから，本書でもひとまず今日の流儀に従いたいと思う．数論にルジャンドルの記号を導入したのはルジャンドルで，初出は 1785 年の論文「不定解析研究」（パリ王立科学アカデミー紀要，「メモワール」の 465–559 頁．「1788 年」は実際の刊行年）である．

ルジャンドルの論文「不定解析研究」の第1頁

有理整数の範疇で考えるとき，ルジャンドルの記号 $\left(\dfrac{a}{p}\right)$ は奇素数 p と，p で割り切れない整数 a を対象にして規定され，$+1$ か -1 のどちらかの値を表している．素数といえば必ず奇数のようにも思えるが，ただひとつだけ，偶数の素数 2 が存在するから，奇素数といえば「2 以外の素数」という意味になる．フェルマの小定理は $a^{p-1}-1$ が p で割り切れることを教えているが，$p-1$ は偶数であることに着目すると，

$$a^{p-1}-1 = \left(a^{\frac{p-1}{2}}-1\right)\left(a^{\frac{p-1}{2}}+1\right)$$

という因数分解が成立する．そうしてこの積が素数 p で割り切れるのであるから，$a^{\frac{p-1}{2}}-1$ と $a^{\frac{p-1}{2}}+1$ のどちらか，しかもどちらか一方のみが p で割り切れることが判明する．そこでルジャンドルは，ルジャンドルの記号 $\left(\dfrac{a}{p}\right)$ を

$a^{\frac{p-1}{2}}-1$ が p で割り切れるとき，言い換えると $a^{\frac{p-1}{2}}$ を p で割るときに 1 が余る場合には $\left(\dfrac{a}{p}\right)=+1$,

$a^{\frac{p-1}{2}}+1$ が p で割り切れるとき，言い換えると $a^{\frac{p-1}{2}}$ を p で割るときに -1 が余る場合には $\left(\dfrac{a}{p}\right)=-1$

と規定した．

二つの異なる奇素数間の相互法則

ルジャンドルの記号はフェルマの小定理を書き換えただけのものにすぎず，このような記号を定めたからといって何かしら新しい知見が得られたわけではないが，平方剰余の概念と連繋するという事実は注目に値する．フェルマの小定理との関連でいうと，これは証明を要することだが，「$a^{\frac{p-1}{2}}$ を p で割るときに 1 が余ること」と「a が p の平方剰余であること」は論理的に同等である．そこでこの事実に基づいてルジャンドルの記号の定義を変更し，

a が p の平方剰余のとき，$\left(\dfrac{a}{p}\right)=+1$,

a が p の平方非剰余のとき，$\left(\dfrac{a}{p}\right)=-1$

と定めると，合同式
$$\left(\dfrac{a}{p}\right) \equiv a^{\frac{p-1}{2}} \quad (\mathrm{mod}.p)$$

第 4 章 相互法則の世界

が成立することが明らかになる．今日の数論ではこれを**オイラーの基準**と呼ぶ習慣が確立している．ルジャンドルの記号はここで新たな意味合いを獲得したが，今日の語法にしたがって，以下の叙述では，ルジャンドルの記号という言葉はつねに，平方剰余の言葉で規定された意味で使用することにする．

ルジャンドルの記号はルジャンドルが提案したものであり，オイラーの目に触れる機会はなかったであろう．だが，この記号に内包されている数論的状況はフェルマの小定理を越えるものではなく，しかもオイラーはフェルマの小定理の証明に成功した最初の人なのであるから，$a^{\frac{p-1}{2}}$ を p で割るときの剰余が $+1$ と -1 のいずれかであることは当然のことながら承知していたであろう．また，平方剰余という概念はガウスによるものではあるが，オイラーはオイラーでいろいろな平方数を素数 p で割るときに生じる剰余の形を観察し，冪 $a^{\frac{p-1}{2}}$ との関連を認識した．それが「オイラーの基準」という呼称の由来である．

今日の数論のテキストではルジャンドルの記号はルジャンドル自身が定めた意味を付与されているのではなく，平方剰余との関連のもとで上記のように書き換えられた意味をもって使われている．そこで本書では，ルジャンドルに由来する本来のルジャンドルの記号を「原型のルジャンドル記号」と呼び，書き換えられたルジャンドルの記号を「今日のルジャンドル記号」と呼んで区別することにする．

二つの異なる奇素数 p,q を考えると，二つの原型のルジャンドル記号 $\left(\dfrac{q}{p}\right), \left(\dfrac{p}{q}\right)$ を同時に考えることができる．このとき，両者は

$$\left(\frac{q}{p}\right)\left(\frac{p}{q}\right) = (-1)^{\frac{p-1}{2}\frac{q-1}{2}}$$

という相互依存関係で結ばれているとルジャンドルは主張した．これがルジャンドルのいう**二つの異なる奇素数の間の相互法則**で，今日では平方剰余相互法則という名で呼ばれている．この等式をもう少し精密に観察すると，右辺の数値は $+1$ と -1 のいずれかであり，どちらになるかは冪指数 $\frac{p-1}{2}\frac{q-1}{2}$ の偶奇性により決定される．p と q の少なくとも一方が「4 で割ると 1 が余る数」なら，言い換えると合同式 $p \equiv 1 \pmod{4}$ または $q \equiv 1 \pmod{4}$ のどちらかが成り立つなら，そのとき冪指数は偶数になるから，上記の相互法則の等式の右辺は $+1$ である．それ以外の場合，すなわち二つの合同式 $p \equiv 1 \pmod{4}, q \equiv 1 \pmod{4}$ がどちらも成立しない場合には冪指数は奇数であり，右辺は -1 になる．このいかにも簡明でおもしろい関係式を使って $4n+1$ 型の素数に関する話題を $4n+3$ 型の素数に帰着させることにより，$4n+1$ 型の素数を対象とする形状理論を構築しようというのがルジャンドルのアイデアであった．

　平方剰余相互法則は今日の初等整数論の話題であり，二つの補充法則が伴っているのが通常の姿である．第 1 補充法則は奇素数 p と -1 の関係，第 2 補充法則は奇素数 p と偶素数 2 の関係を明らかにする法則で，ルジャンドルはそれらを知っていたが，相互法則を補充する法則という認識は持ち合わせていなかった．今日の流儀に慣れ親しんだ目にはいくぶん不可解な印象もあるが，ルジャンドルの目はあくまでも二つの異なる奇素数の関係に注がれていたのであるから，ルジャンドルにとっては当然のことであった．

平方剰余の理論における基本定理

オイラーの基準を経由して「原型のルジャンドル記号」から「今日のルジャンドル記号」に移行すると，ルジャンドルの相互法則を平方剰余の言葉で言い表すことができるようになる．

ガウスは平方剰余相互法則をオイラーの発見もルジャンドルの発見も知らずに独自に発見し，これを**平方剰余の理論における基本定理**と呼んだ．ルジャンドルの相互法則とガウスの基本定理は論理的な視点から見ると同じものであっても，ルジャンドルの関心は素数の形状理論にあり，ガウスの関心は平方剰余の理論にあるのであるから，数学的自然における観察の対象，言い換えると，「何を知りたいのか」という点に目を注ぐ限り，この二つの相互法則はまったく別のものと理解しなければならないのである．

数論的意味は異なるとしても，オイラーの基準によりルジャンドルの視線とガウスの視線は交叉して，その結果，ガウスが発見した基本定理もまた今日のルジャンドル記号を用いて

$$\left(\frac{q}{p}\right)\left(\frac{p}{q}\right) = (-1)^{\frac{p-1}{2}\frac{q-1}{2}}$$

と表記される．今日のルジャンドル記号を用いると，第1補充法則は

$$\left(\frac{-1}{p}\right) = (-1)^{\frac{p-1}{2}}$$

と表記され，第2補充法則は

$$\left(\frac{2}{p}\right) = (-1)^{\frac{p^2-1}{8}}$$

と，簡潔に表記される．

ルジャンドル以後，数論の世界では素数の形状理論は忘れられてしまい，そのためかルジャンドルが表明した「二つの異な

る奇素数の間の相互法則」は継承されなかったが,「相互法則」という,ルジャンドルが提案した言葉そのものは今も生きている.また,ガウスが提案した「基本定理」という言葉は今ではもう使われることはないが,「平方剰余」の一語は今日の数論の基本用語のひとつである.ルジャンドルの「相互法則」とガウスの「平方剰余」が組み合わされて,「平方剰余相互法則」という,今日の用語ができあがった.名は体を表すというが,「平方剰余相互法則」の一語には,素数の形状理論と平方剰余の理論という二つの「身体」が共存しているのである.

『アリトメチカ研究』に見るガウスの数論

　西欧近代の数論にはフェルマとガウスという,二つの泉が存在する.フェルマが発見した数々の数論の真理の中でも直角三角形の基本定理の印象の鮮やかなことは格別である.この定理に端を発し,オイラーによる証明の試みがラグランジュに継承されて,素数の形状理論という壮大な一般理論へと向かったが,$4n+1$ 型の素数に行く手をはばまれて,大きな困難が残されることになった.これを克服するためにルジャンドルは「二つの異なる奇素数の間の相互法則」を提案し,証明を試みたものの,厳密な証明にいたらず,ガウスの批判を受けることになった.

　フェルマの数論が『バシェのディオファントス』に対する「欄外ノート」から始まったように,ガウスの数論は 1801 年に刊行された著作『アリトメチカ研究』とともに歩みを運び始めた.ガウスは平方剰余の理論という独自の理論の構築を企図し,そのための鍵は「基本定理」にあることを明確に認識した.ガウスの心に起った出来事の順序を回想すると,まずはじ

めに芽生えたのは，ガウス自身のいう「あるすばらしいアリトメチカの真理」，すなわち今日のいわゆる「平方剰余相互法則の第 1 補充法則」の発見であった．ガウスはこの発見に誘われて平方剰余相互法則を明るみに出すことに成功したが，第 1 補充法則は論理的な視点から見ると直角三角形の基本定理と同等である．まったく異質の二つの数論が，論理的に見て区別しがたい発見から出発したという事実はいかにも興味が深く，数論史を回想する者の心に深い感慨を誘うのである．

しかも，出発点ばかりか到達点もまた同じであった．直角三角形の基本定理は素数の形状理論へと展開し，最後の段階でルジャンドルにより平方剰余相互法則が提案されるという経緯をたどった．ガウスのほうはといえば，若い日に発見した第 1 補充法則（満 17 歳のときの発見である）の背後に大きな氷山の存在を感知して，平方剰余相互法則の発見に到達した．証明にも成功し，『アリトメチカ研究』においてすでに 2 通りの証明を書き留めたが，探索はその後も続き，長い歳月の間に見出だした証明は 8 通りにものぼったのである．

二つの数論は平方剰余相互法則の証明の場において際会し，ルジャンドルの失敗とガウスの成功という形で明暗を分けることになった．フェルマの数論は不定方程式論の衣裳を纏って今も生きている．

めざましい一例を挙げると，フェルマは冪乗数の属性に関心を寄せて，2 よりも大きい自然数 n に対し，n 乗数 x^n を二つの n 乗数に分けることはできないことに目を留めた．この発見は，不定方程式 $z^n = x^n + y^n$ は（自明な解を除いて）解をもたないという命題（「フェルマの大定理」もしくは「フェルマの最後の定理」）に転化して語り継がれている．

ガウスの数論は平方剰余相互法則を足場にして高次冪剰余相互法則の探究に向かい，代数的整数論の誕生をうながして，最後に高木貞治の手で類体の理論が摘まれることになった．高次冪剰余相互法則への第一歩は 4 次剰余の理論である．

3 ——4 次剰余相互法則と虚数

高次冪剰余の理論

　ガウスは平方剰余相互法則を発見した当初から高次の冪剰余の理論に関心を寄せ，平方剰余の理論における基本定理と同様に，高次冪剰余の理論の領域にも基本定理が存在することを早々に感知した模様である．実際，高次冪剰余の概念は『アリトメチカ研究』にもすでに顔を出している．有理整数 a と自然数 b に対し，もし合同式

$$x^n \equiv a \pmod{.b}$$

が解をもつなら，そのとき「a は b の n 次の冪剰余」であるという．$n=2$ のときは「2 次の冪剰余」だが，この場合には特に「平方剰余」という言葉が使われることがあり，むしろそのほうが普通である．ガウスは 4 次剰余の理論において基本定理の発見に成功したが，その後の経緯を見ると基本定理という言葉は影をひそめ，代って「4 次の冪剰余相互法則」「4 次相互法則」などという言葉が使われるようになった．

　虚数の自覚的発見の事例として，「虚数の対数」とともに指を屈しなければならないのはガウスの「4 次剰余の理論」である．ガウスはこの理論の場において虚数と遭遇した．若い日に 4 次の相互法則の存在を確信し，長い歳月にわたってその姿を発見しようと苦心を重ねた．当初の探索は通常の整数，すなわ

ち有理整数域において試みられて,それはそれでいろいろな形の法則が見つかったが,ガウスの目には完全な形の法則ではないと映じたようであった.

認識の深まりに伴って,ガウスはついに複素数域への移行を決意した.具体的に言うと,**ガウス整数**,すなわち

$$a + b\sqrt{-1} \quad (a \text{ と } b \text{ は有理整数})$$

という形の複素数の作る数域に移るとき,そのときはじめて十全な形の4次剰余相互法則が見つかるというのがガウスの洞察であり,実際にそのようになった.

4次剰余相互法則は「虚数を導入してはじめて理解することのできる数学的現象」の恰好の事例で,虚数の実在感の強力な支えである.ガウスは一般の複素数の世界の中にガウス整数を配置しようとして,複素数というものの姿を一般的な視点から把握しようと試みた.今日の数学では複素数をガウス平面上の点に対応させて考える流儀が定着しているが,このアイデアを提案したのもガウスで,もともと4次剰余相互法則を理解するための工夫である.

4次剰余相互法則に関する記事をガウスの《数学日記》から拾いたいと思う.第130項目の記事は,

> 3次および4次の剰余に関する理論が開始された.(同上,565頁)

というもので,3次剰余と4次剰余の探究が開始された日がはっきりとわかる.日付は1807年2月15日.ガウスは満29歳であった.4次剰余の理論と同時に3次剰余の理論の研究も開始したが,結実して論文の形で報告されたのは4次剰余の理

論だけで，3 次剰余の理論については遺稿の中に断片的なノートが散見するのみに留まっている．

取り組みを始めて二日後の 2 月 17 日には，早くも最初の果実を摘むことができた．この日，ガウスは

> 2 月 17 日にはずっときれいに完成されて姿を現した．証明はなお欠けている．

と書いた．五日後の 22 日になると証明にも成功し，次のような第 132 番目の記事を書いた．

> 今やこの理論の証明が，ある非常に優美な方法によって見出だされ，すっかり完成した．これ以上望むべきことは何も残されていない．かくして同時に，平方剰余と平方非剰余が著しく明瞭にされるのである．

2 月 17 日から 22 日まで，ガウスの思索は六日間にわたって継続した．相当に集中して考え続けたようで，ガウス自身，「すっかり完成した」と言っているほどであるから，3 次もしくは 4 次の相互法則をめぐって大きな収穫があった様子がうかがわれるが，実際には完成したというには遠く，ガウスの探究はさらに継続した．

1807 年 4 月 30 日の日付で書かれたパリのソフィー・ジェルマン宛てのガウスの手紙が遺されていて，ガウスの全集に収録されている（『ガウス全著作集』，第 10 巻，70–74 頁）．そこにはこの年の 2 月に生起した発見の内容がわずかに書き留められている．ソフィーは数学を愛好する女性で，ガウスを尊敬し，手紙のやりとりをする一時期があった．

ちょうどこの冬のことですが，アリトメチカにまったく新しい分野を添えることに成功しました．それは3次剰余と4次剰余の理論なのですが，完成度が高まって，平方剰余の理論が到達したのと同程度になりました．平方剰余の理論に新たな光を注いでくれる理論で，私は一番心を引かれる不思議な研究の仲間に入れています．それで今まで研究してこなかったのです．明確な形の論文を書かずにこの理論のアイデアをあなたに伝えることはできません．ではありますが，2, 3 の特別の定理をここに挙げておきます．ささやかな雛形の役割を果たしてくれるでしょう．

I. p は $3n+1$ という形の素数としましょう．2（言い換えると $+2$ と -2）は，もし p が $xx+27yy$ という形になるなら p の3次剰余ですが，もし $4p$ がこの形にならないなら，p の3次非剰余になると私は主張します．たとえば，7, 13, 19, 31, 37, 43, 61, 67, 73, 79, 94（註．原文のまま．94 は素数ではない）のうち，$31 = 4+27, 43 = 16+27$ だけが見つかって，$2 \equiv 4^3 \pmod{31}, 2 \equiv (-9)^3 \pmod{43}$ となります．

II. p は $8n+1$ という形としましょう．$+2$ と -2 は，p が $xx+64yy$ という形であるか否かに応じて，p の4次剰余であるか，あるいは4次非剰余であると私は主張します．たとえば，数 17, 41, 73, 89, 97, 113, 137 のうち，$73 = 9+64, 89 = 25+64, 113 = 49+64$ だけが見つかって，

$$25^4 \equiv 2 \pmod{73}, \qquad 5^4 \equiv 2 \pmod{89},$$
$$20^4 \equiv 2 \pmod{113}$$

となります．（同上，72頁．註．原文のまま．合同式

$20^4 \equiv 2 \pmod{113}$ は成立しない)

　+2 と −2 はどのような素数の 3 次剰余もしくは 4 次剰余になるのだろうかという問題が探求されて，4 次剰余の相互法則の断片が見出だされたころの様子が鮮明に描かれている．ガウスはよほどうれしかったようで，アリトメチカ，すなわち「数の理論」に「まったく新しい分野を添えることに成功しました」と，ソフィーに向って発見の喜びを語りかけるのである．

　ここで報告された事柄は +2 と −2 を対象とする部分のみに留まっている．これだけでは全体像のごく一部分にすぎないが，もともと 4 次剰余相互法則というのはありやなしやというほどの法則であり，存在を感知したのはガウスひとりであった．ガウスは若い日に抱いた確信に寄せて強固な実在感を抱き，本当に存在するのかどうか，姿の見えない法則を探し求めて息の長い思索を継続した．そのガウスの眼前に，断片とはいいながら優に法則の名に値する何物かが確かに現れたのであった．

　実在感のほかに何も存在しない場所に，本当に数学が生まれた．無から有が生れるという，奇跡としか言いようのない稀有な現象で，西欧近代の数学史を概観しても類例は数えるほどである．同じ性格の事例をもうひとつ挙げると，複素対数の発見もまた 4 次剰余相互法則の発見に匹敵する．負数と虚数の対数は存在するのかどうか，確かなことは何も言えず，そのようなものを考えることさえ荒唐無稽としか思えない時期に，ライプニッツとヨハン・ベルヌーイは当初から存在を確信して議論を重ねた．オイラーはこの二人からバトンをわたされて，無限多価性という，複素対数の本性を明るみに出すことに成功した．今日の複素変数関数論はこれによって端緒が開かれたのである．

数域の拡大の決意

パリのソフィーに手紙を書いたころのガウスの所在地は郷里のブラウンシュヴァイクだったが,1807 年 7 月 25 日付でゲッチンゲン大学から天文学教授として招聘された.天文台の台長も兼任するようにとの要請であった.ガウスはこれを受け,家族とともにゲッチンゲンに向かった.ゲッチンゲン到着は 11 月 21 日と記録されている.

4 次剰余相互法則がはじめて本然の姿を現すのはガウス整数域においてである.1807 年の年初に 3 次と 4 次の相互法則を探索していたころは,数域を有理整数に設定していろいろな結果に到達したが,満足することができず,その後も探索が続けられた.次に引くのは 1813 年 10 月 23 日の記事で,この日,ガウスは子供の誕生と 4 次剰余相互法則の発見を同時に告げた.

> 4 次剰余の一般理論の基礎を確立しようとして,およそ 7 年間にわたってこのうえない情熱を傾けて探究を続けたが,何も実を結ばずに終わるのが常であった.それを,幸福なことに,わたしたちに息子が生れたのと同じ日についに明るみに出した.

子供の名はヴィルヘルム・アウグスト・カール・マティアス.「4 次剰余の一般理論の基礎の確立」という言葉は 4 次の相互法則の発見を指していると見てよいが,実際に論文の形になったのははるかに後年のことであった.ガウスは 1825 年 4 月 5 日になってようやくゲッチンゲン学術協会で報告し,1828 年の『ゲッチンゲン新報告集』,第 6 巻に「4 次剰余の理論 第 1 論文」が掲載された.続篇の「4 次剰余の理論 第 2 論文」の

公表はさらに遅れた．学術協会で報告されたのは 1831 年 4 月 15 日．1832 年の『ゲッチンゲン新報告集』第 7 巻に掲載された．1832 年のガウスはすでに 55 歳である．平方剰余相互法則の第 1 補充法則を発見して，高次冪剰余相互法則の存在を感知した 17 歳のころに立ち返ると，この間，実に 38 年の歳月が流れたのである．

ガウスは 4 次剰余相互法則を発見し，「4 次剰余の理論」という簡明な表題をもつ 2 篇の論文において公表したが，報告されたのはこの法則の姿形のみで，証明は欠如していた．1813 年に発見が告げられたにもかかわらず，論文の公表が異様に遅れた理由もまたそのあたりにありそうである．ガウスは証明を追い求めてついに成功にいたらず，発見した事実と，発見にいたる道筋のみを伝える決意を新たにしたのであろう（公表はされなかったが，遺稿の中に 4 次剰余相互法則の証明のスケッチがあり，ガウスの全集に収録されている．正確な証明だが，ガウスにはなお不満があったのであろう）．

4 次剰余相互法則の発見の要点は数域の拡大である．「4 次剰余の理論 第 2 論文」（1832 年）から引用する．

> … 一般理論の真実の泉（fons genuinus）の探索は，アリトメチカの領域を拡大して，その中で行わなければならないという確信に到達した．（同上，96 頁）

4 次剰余相互法則は有理整数域において探索するのでは見つからず，数域を拡大してガウス整数域に移らなければならないという主旨であり，今日の代数的整数論の端緒を開く宣言である．

続いて「アリトメチカの領域の拡大」ということの中味が語られる．

ガウス「4次剰余の理論 第2論文」の第1頁

　詳しく言うと，これまでに究明されてきた諸問題では，高等的アリトメチカは実整数のみを取り扱ってきたが，4次剰余に関する諸定理はアリトメチカの領域を虚の量にまで広げて，制限なしに，$a+bi$ という形の数がアリトメチカの対象となるようにしてはじめて，際立った簡明さと真正の美しさをもって明るい光を放つのである．（同上）

　こうして，4次剰余相互法則の究明の場におけるガウスの数学的体験に誘われて，虚数の実在に寄せる確信は飛躍的に高まっていった．多いとはいえないけれども，虚数を導入してはじめて「真実の泉」が露わになるような数学的現象は確かに存在し，それらは力を合わせて虚数の実在感を支えている．虚数だけを切り取って存在の有無を問うのではなく，ガウスにとって，虚数の存在は4次剰余相互法則の探索と不可分に結ばれて

いる．ガウスは4次剰余相互法則を複素数域において探索し，実際に簡明な形の法則が見つかった．数学の神秘というほかはない．

　虚数の存在の有無は客観的な議論の対象ではなく，ガウス個人の感受性に帰着する問題である．ガウスが明快に感知した実在感はガウス個人のものであるから，他の人たちにも共有されうるのかどうか，それはわからない．だが，ガウスの心情に共鳴する一群の人たちもたしかに存在し，しかもヤコビ，ディリクレ，クンマー，クロネッカー，ヒルベルト等々，相次いで現れた．19世紀のドイツの数論史がこうして成立した．

4 ── 楕円関数論のはじまり

ガウスの《数学日記》に見る楕円関数論

　楕円関数論は19世紀の数学に遍在するロマンチシズムをもっともよく象徴する理論である．この理論にはオイラーとガウスという二つの泉が存在するが，ここではガウスの《数学日記》から関連する項目を拾い，楕円関数論の源流のスケッチを試みたいと思う．

　オイラーの楕円関数論は，レムニスケート曲線の弧長積分に関連する微分方程式 $\dfrac{dx}{\sqrt{1-x^4}} = \dfrac{dy}{\sqrt{1-y^4}}$ の代数的積分の発見とともに端緒が開かれたが，ガウスの楕円関数論の出発点もまたレムニスケート曲線であった．次に引く《数学日記》の第51項目に，長い探究のはじまりが告げられている．

$\displaystyle\int \dfrac{dx}{\sqrt{1-x^4}}$ に依存するレムニスケート曲線を調べ始めた．
(1797年) 1月8日（同上，510頁）

レムニスケート曲線をどのように調べたのだろうという疑問が起るが，2箇月後に書かれた次の第60項目を見ると，この疑問はたちまち氷解する．ガウスの視線の向かう先はレムニスケート曲線の等分である．

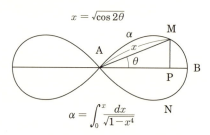

レムニスケート曲線とレムニスケート積分

> レムニスケート曲線を n 個の部分に分けると，なぜ次数 nn の方程式に到達するのだろうか．
>
> (1797年) 3月19日 (同上，515頁)

『アリトメチカ研究』の第7章で円周の等分を考察したガウスは，同時にレムニスケート曲線の等分を考察した人でもあった．円周の n 等分方程式の次数は n になるが，レムニスケート曲線の n 等分を定める方程式の次数は n^2 である．実に意外な事実であり，ガウス自身，なぜだろうかと自問していぶかっているが，この発見がガウスの楕円関数論の第1着手になった．

二日後には5等分方程式の解法に成功した．

> レムニスケート (曲線) は幾何学的に五つの部分に分けられる．
>
> (1797年) 3月21日 (第62項目．同上，517頁)

単なる等分ではなく,「幾何学的な等分」に成功したと告げられているが,「幾何学的」というのは「直線と円のみを用いて」という意味であるから, 定規とコンパスのみを用いてレムニスケート曲線の 5 等分点を明示することができるということになる. 代数方程式の言葉に言い換えると, 5 等分方程式の次数は 25 次になるが, その方程式の根は平方根のみを用いて書き表されるというのと同じことになる.《数学日記》の第 1 項目では円周の幾何学的な 17 等分の発見が語られたが, ここにもうひとつ, 古代ギリシアの作図問題の系譜に新たな発見が加わった. しかもその対象はレムニスケート曲線という, 古代ギリシアにはなく, 西欧近代において着目された曲線であった.

> レムニスケートに関して, すべての期待を越えたきわめて優美なるものを, しかもまったく新しい分野を切り開いてくれる方法により, われわれは獲得した.
> ゲッチンゲン, (1798 年) 7 月 (第 92 項目. 同上, 535 頁)

この項目ではレムニスケート曲線の等分の考察から出発して, 何かしら斬新な新理論が開かれていくことに寄せて, 強固な確信が表明されている. それは「楕円関数の理論」である.

アーベルの楕円関数論

《数学日記》に散りばめられたいくつかの項目を参照すると, ガウスは楕円関数論という新しい理論に着目し, しかも具体的に歩を進めていたことが手に取るようにわかるが, ガウスは思索の果実を公表しようとしなかった. 全容が判明するのはガウスの没後のことであり, 同時代を生きたアーベルやヤコビには知りえないことであった.

それでもガウスは完全に沈黙を守り通したというわけでもなく，ときおりほんのわずかな謎めいた数語を書き留めることがあった．楕円関数論の場合には『アリトメチカ研究』の第 7 章「円の分割を定める方程式」のまえがきがこれに該当する．この章のテーマはあくまでも円周の等分ではあるが，まえがきの途中になぜかぽつねんとレムニスケート積分，すなわちレムニスケート曲線の弧長積分

$$\int \frac{dx}{\sqrt{1-x^4}}$$

が出現する（157 頁の図参照）．その前後を見ると，まず「われわれが今から説明を始めたいと思う理論の諸原理は，ここで繰り広げられる事柄に比して，それよりもはるかに広々と開かれている」と明言され，続いて

> なぜなら，この理論（註．円周等分の理論）の諸原理は円関数のみならず，そのほかの多くの超越関数，たとえば積分 $\int \frac{dx}{\sqrt{1-x^4}}$ に依拠する超越関数に対しても，そうしてまたさまざまな種類の合同式に対しても，同様の成果を伴いつつ，適用することができるからである．（『アリトメチカ研究』，593 頁）

と言葉が重ねられていく．わずかにこれだけの片言隻句にすぎないが，アーベルの楕円関数研究に大きな示唆をもたらすことになった．

　ガウスは「円関数」という言葉を語っているが，これは三角関数を指している．(x,y) 平面上に単位円周 $x^2+y^2=1$ を描くと，その弧長は積分 $\theta = \int_0^x \frac{dx}{\sqrt{1-x^2}}$ で表される（191 頁

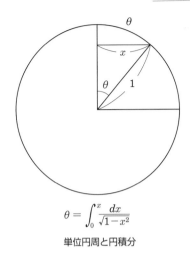

$$\theta = \int_0^x \frac{dx}{\sqrt{1-x^2}}$$

単位円周と円積分

の図)．そこでこの積分は「円積分」と呼ばれることがあるが，その逆関数は正弦関数 $x = \sin\theta$ であり，円関数の仲間である．正弦関数の位相を $\frac{\pi}{2}$ だけずらすと余弦関数 $\cos\theta = \sin\left(\theta + \frac{\pi}{2}\right)$ が得られるが，これも円関数である．オイラーの公式 $e^{i\theta} = \cos\theta + i\sin\theta$ により，この二つの関数は複素指数関数の実部と虚部として認識されるから，複素指数関数もまた円関数の名が似合う．

ガウスは円関数の名を挙げて，そのうえでレムニスケート積分を書き，「レムニスケート積分に依拠する超越関数」に言及したのである．アーベルの目には，ガウスの念頭にレムニスケート積分の逆関数が描かれていた様子がありありと映じたことであろう．

次に引くのは楕円関数論の構想を語るガウスの言葉である．

(《数学日記》第 105 項目)

超越的な量
$$\int \frac{dx}{\sqrt{(1-\alpha xx)(1-\beta xx)}}$$
の理論をきわめて一般性のある地点まで押し進めた.

ブラウンシュヴァイク，(1800 年) 5 月 6 日 (『ガウス全著作集』，第 10 巻の 1，546 頁)

ここに見られる積分
$$\int \frac{dx}{\sqrt{(1-\alpha xx)(1-\beta xx)}}$$
はレムニスケート積分を一般的な形にしたもの ($\alpha=1, \beta=-1$ と取るとレムニスケート積分になる) だが，楕円積分を 3 種類に区分けしたルジャンドルの基準では第一種楕円積分で，1 価逆関数が存在する．アーベルは論文「楕円関数研究」(1827, 28 年) においてまずはじめに楕円積分
$$\alpha = \int_0^x \frac{dx}{\sqrt{(1-c^2x^2)(1+e^2x^2)}} \quad (c と e は定量)$$
を書き，その逆関数
$$x = \varphi(\alpha)$$
を考察した．アーベルはガウスの《数学日記》の記事は知りえなかったが，『アリトメチカ研究』に見られるガウスの言葉の断片に示唆を受けて，「第 1 種楕円積分の逆関数」の考察に向っていった．楕円積分を表すためにアーベルが設定した上記の記号はガウスの記号に酷似しているが，これはまったくの偶然で，そのこと自体がすでに驚嘆に値する出来事である.

ガウスはアーベルの論文「楕円関数研究」を知っていた．この論文の前半はクレルレが創刊した『クレルレの数学誌』の第

2巻，第2分冊に掲載されたが，その掲載誌の刊行は1827年9月20日である．年が明けて1828年3月30日付で天文学者ベッセルに宛てて書かれたガウスの手紙を見ると，楕円関数論をテーマにして大きな著作を出す構想を抱いていたが，アーベルの論文の出現により，3分の1ほどはもう出版する必要がなくなったという言葉が読み取れる．ガウスはアーベルの論文の美しさと簡潔さをほめたたえ，ガウス自身が1798年にたどったのとまったく同じ道を歩んだと回想した．《数学日記》の1798年の記事を参照すると，7月の第92項目に加えて，10月に書かれた第95項目

> 解析学の新しい領域が開かれた．すなわち，関数の研究．
> (1798年) 10月（同上，536頁）

が目に留まる．レムニスケート曲線の等分理論を糸口にして，ガウスの目には「解析学の新しい領域」が見えたのであろう．

アーベルの遺産

アーベルは1802年8月5日，ノルウェーの北海沿岸の港湾都市スタバンケルの近くの小島フィンネに生れた．クリスチャニア大学（現在のオスロ大学）に学び，卒業後，ノルウェー政府の給費を受けて留学することになり，パリに向った．1825年9月はじめにクリスチャニアを発ち，コペンハーゲン，ハンブルク，ベルリン，ライプチヒ，フライベルク，ドレスデン，ウィーンとたどり，イタリアの諸都市を経てパリに到着したのは1826年7月10日のことであった．このときアーベルは満23歳．10箇月をこえる大旅行であった．ガウスの存在をつねに意識し，旅の途中でガウスのいるゲッチンゲン行の機会をう

かがっていたが，ついに果たせなかった．

代数方程式論では「不可能の証明」（第 6 章参照）に成功するとともに「アーベル方程式」の概念を発見し，この理論が進むべき新たな道筋を開いていった．楕円関数論ではオイラーとガウスの二つの泉をともに継承したが，楕円関数をも越えて，パリで執筆した「パリの論文」と呼ばれる長篇において一般の代数関数の積分（ヤコビが提案した「アーベル積分」という呼称が定着している）を取り上げて，加法定理を確立することに成功した．代数方程式論と楕円関数論の方面でガウスが公に語らなかったことのあれこれを洞察し，ガウスに代わって遂行するとともに，ガウスの意図しなかった地点まで大きく歩を伸ばしたのである．アーベルはガウスに会う機会はなかったが，それにもかかわらずガウスの数学思想をもっともよく継承し，具体化することに成功した人物である．

1829 年 4 月 6 日，病気のため 26 歳で亡くなったが，深遠な数学の遺産が遺されて，同時代のヤコビをはじめ，次世代のクロネッカーやヴァイエルシュトラスやリーマンの思索の糧となった．アーベルの没後，友人の天文学者シューマッハーの手紙（1829 年 5 月 12 日付）でアーベルの死を伝えられたガウスは，5 月 19 日付で返信を書き，アーベルを悼む言葉を綴った．次に引くのは高木貞治の『近世数学史談』で紹介されているガウスの言葉である．

> ....御手紙に由ってアーベルの逝去を知りました．実に学問界の一大損失であります．この異常なる英才の経歴に関して何か書いたものが御手に入りましたらば早速御知らせ下さい．若しも肖像があるならば見たいものです．（高木貞治『近世数学史談』，136 頁．出典は『ガウス=シュー

マッハー往復書簡集』，第 2 巻，1860 年，210 頁）

楕円関数の理論やアーベル方程式論はクロネッカーに継承され，クンマーによる高次相互法則の探索と連繋してヒルベルトの類体論の構想を誘った．

クロネッカーはドイツの数学者で，1823 年 12 月 7 日，プロイセンのリーグニッツに生れた．若い日に「代数的可解方程式の構成」というアーベルのアイデアに示唆を得て，「整数を係数にもつアーベル方程式は円周等分方程式で尽くされる」という不思議な命題を発見した．1880 年 3 月 15 日付で書かれたデデキント宛の書簡に移ると，57 歳のクロネッカーは「虚 2 次数を係数にもつアーベル方程式は特異モジュール（第 5 章参照）をもつ楕円関数の変換方程式で汲み尽くされるであろう」という，青春の夢（Juendtraum）を語った．

クンマーもプロイセンの人で，1810 年 1 月 29 日，ゾラウに生れた．ヒルベルトは 1862 年 1 月 23 日，やはりプロイセンのケーニヒスベルクに生れた．ケーニヒスベルクは現在のロシアのカリニングラードである．ヒルベルトの類体論のアイデアを継承したのは高木貞治である．高木は明治 8 年（1875 年）4 月 21 日，岐阜県大野郡数屋村（現在の本巣市数屋）に生れ，東京帝国大学を卒業後，ドイツに留学してヒルベルトのもとで学び，帰国後，類体論を構築し，クロネッカーの青春の夢の解決にも成功した．ガウス，アーベルから高木にいたるまで，数論の道が途切れることなく続いたが，完成された類体論の出現はすでに 20 世紀の出来事である．

4 次剰余の理論とレムニスケート関数

本章の終りに臨み，ここでもう一度ガウスの《数学日記》に立ち返りたいと思う．《数学日記》の最終項目（第 146 項目）

はガウスが 37 歳のときの記事である．数々の発見と創意が遍在する《数学日記》の中でもひときわ特異であり，深い神秘感に包まれている．

> 帰納的に行われるあるきわめて重要な観察を通じ，4 次剰余の理論はレムニスケート関数ときわめて優美に結び合わせられる．すなわち，$a+bi$ は素数とし，$a-1+bi$ は $2+2i$ で割り切れるとすると，合同式
>
> $$1 \equiv xx + yy + xxyy \quad (\mathrm{mod}.\, a+bi)$$
>
> のあらゆる解の個数は
>
> $$(a-1)^2 + bb$$
>
> に等しい．ただし
>
> $$x = \infty, \quad y = \pm i; \quad x = \pm i, \quad y = \infty$$
>
> も解に含めることにする．
>
> 1814 年 7 月 9 日

この記事で語られる合同式は，かつてオイラーが解法を試みた変数分離型の微分方程式

$$\frac{dx}{\sqrt{1-x^4}} = \frac{dy}{\sqrt{1-y^4}}$$

への回想を誘う．オイラーはこの微分方程式の一般的な代数的積分

$$x^2 + y^2 + c^2 x^2 y^2 = c^2 + 2xy\sqrt{1-c^4} \quad (c\text{ は定数})$$

を見出だしたが，そのきっかけになったのは，ファニャノの数学論文集に書き留められていた 1 個の変数変換式であった．

ファニャノ自身の関心はレムニスケート積分

$$\int_0^x \frac{dx}{\sqrt{1-x^4}}$$

にあった．この積分において変数変換

$$x = -\sqrt{\frac{1-y^2}{1+y^2}}$$

を行うと，同じレムニスケート積分に変換されて，等式

$$\int_0^x \frac{dx}{\sqrt{1-x^4}} = \int_1^y \frac{dy}{\sqrt{1-y^4}}$$

が成立することを，ファニャノは発見した．この発見に現れた変数変換式が，オイラーの目には微分方程式 $\dfrac{dx}{\sqrt{1-x^4}} = \dfrac{dy}{\sqrt{1-y^4}}$ の1個の特殊解

$$x^2y^2 + x^2 + y^2 - 1 = 0$$

と映じたのである（上記の一般解において $c=1$ を採用すると，この特殊解が得られる）．

この特殊解が合同式に姿を変えて，ガウスの《数学日記》の最終項に忽然と現れたのであり，しかもその合同式の法はガウス素数である．a と b がともに有理整数である複素数 $a+bi$ を指して，ガウスは複素整数と呼んだ．今日の語法ではガウス整数．ガウス整数の作る数域にも素数の名に相応しい数が存在する．それがガウス素数である．ガウスはこのような不思議な合同式の解の個数を正確に数えるところに 4 次剰余の理論との連繋を感知して，それをレムニスケート関数（レムニスケート積分の逆関数）との間に認められる美しい絆(きずな)であるというのである．

後年，1949年のことだが，20世紀のフランスの数学者アンドレ・ヴェイユは，このガウスの最後の日記に触発されて「有限体上の代数多様体の合同ゼータ関数に対するヴェイユ予想」を提案した．抽象化によってもたらされる鋭利な武器の数々を駆使して20世紀の後半期に解決されたが，根底に流れているのは依然としてガウスの心である．蕉門の俳諧でいう「不易（根底にあって変わらないもの）と流行（時代の趨勢に応じて変化を重ねるもの）」はここでもあてはまり，ガウスとアーベルの遺産は19世紀を越えて，西暦が21世紀に達した今も生き生きと息づいている．

第5章
クロネッカーの数論の解明

1——回想のクロネッカー

ロマンチシズムの香り

　クロネッカーの数論を語る前に，この偉大な数学者の名を知り始めたころを振り返っておきたいと思う．

　数学者クロネッカーの名の記憶は古く，「クロネッカーの青春の夢」という美しい言葉の響きとともに，数学という不思議な学問に深く心を寄せ始めてまもない10代の終りころまでもさかのぼるように思う．クロネッカーはガウスに始まるドイツ数学史の山脈を形成する高峰のひとつであり，数学者列伝には欠かせない人物なのであるから，小堀憲『大数学者』（筑摩書房）や E.T. ベル『数学を作った人びと』（早川書房）など，書店や図書館で気軽に目に入るたいていの数学史に登場するのは当然である．それらの書物を手に取れば，クロネッカーはヴァイエルシュトラスやカントールの数学思想上の敵対者として，あるいはまた，類体論の建設を通じて「クロネッカーの青春の夢」の解決を導いた高木貞治の先駆者として語られるのが常であった．

　数学上の業績はさぞかしと思わせるに足る風情はもとより十分すぎるほどに感じられたが，そればかりではなく，クロネッカーは何かしらきわめて独自の数学思想の持ち主のようであり，あまつさえその思考様式は常に「青春の夢」の甘美を漂わせ，濃厚なロマンチシズムの香りに包まれているように思われた．オイラーの巨大，ガウスの偉大，アーベルの可憐，ガロアの悲惨，ヴァイエルシュトラスの堅実，それにデデキントの思弁性やリーマンの神秘感などと並んで，クロネッカーから受ける強い印象はロマンチシズム，しかも晦渋なロマンチシズム

だったのである．

　ところが，ひとまず数学史を離れて具体的に数学の世界そのものに踏み込んでいくと，不思議なことにクロネッカーの全体像はとりとめもなくかすんでいくばかりであった．クロネッカーをめぐって交わされる数学上のうわさ話は必ずしもとぼしいとは言えなかったが，それらはほとんどいつでも間接的であり，しかも真意を汲みにくいものが多かった．一例としてハインリッヒ・ウェーバーが伝えているエピソードを挙げると，クロネッカーは，1886年のベルリン自然研究者会議（Berliner Naturforscher-Versammlung）において講演したおりに，

> **整数は神の創造物であり，他の数は人間が作ったものである（Die ganzen Zahlen hat der liebe Gott gemacht, alles andere ist Menschenwerk）**

と語ったという（ウェーバー「レオポルト・クロネッカー」．『ドイツ数学者協会年報』，第2巻，1893年，19頁参照）．印象はきわめて神秘的であり，知的もしくは論理的に諒解するのは不可能としか思えない．

　他方，無限集合論を提唱したゲオルク・カントールは，論文「線的点集合について5」（1883年）において，

> **数学の本質はまさしくその自由性にある（Das Wesen der Mathematik liegt gerade in ihrer Freiheit）**（「Ueber unendliche, lineare Punktmannichfaltigkeiten 5」（『数学年報』，第21巻，1883年，564頁）

という，叫びにも似た言葉を書き留めた．クロネッカーの言葉のような神秘性はなく，かえって今日の数学に通う明るい響き

が感じられる．数学の流れはカントールの指し示した方向に向ったが，クロネッカーは忘れられたわけではなく，さながら1個のエニグマ（謎）のような位置を占め，不思議な魅力を放ち続けている．

楕円関数論の領域では，クロネッカーは「青春の夢」を語りながらもみずからの手で解決しえたわけではなく，解決をめざして試みられた晩年の膨大な連作「楕円関数の理論 I–XXII」（1883–1890 年）を参照しても，なお完成の域には遠いという印象をぬぐうことはできなかった．代数的整数論の基礎，わけてもイデアル論の構築についてはどうかといえば，クロネッカーは

> 「代数的量のアリトメチカ的量の概要」（1882 年．代数的整数論の一般理論の構築をめざし，クンマーの学位取得 50 年を祝う記念論文として執筆された雄篇である）

という大きな論文を公表したが，デデキントの理論の斬新なほどの簡明さに比して，クロネッカーの理論は容易に正体を捕捉しがたい姿形が顕わである．

クロネッカーの名を冠する数学の言葉（クロネッカーのデルタ，クロネッカーの指数，クロネッカーの積など），公式（クロネッカーの極限公式，クロネッカーの合同関係式など），定理（クロネッカーの近似定理，（有理数体上のアーベル数体の構成に関する）クロネッカーの定理など）にもしばしば遭遇したが，総じて印象は散漫であり，全体をひとりの数学者のもとに帰一させるだけの濃密で有機的な関連で結ばれているようには思われなかった．見聞する事柄が増していけばいくほど，数学者クロネッカーの輪郭は逆に次第に曖昧になっていった．そ

の間，時期により多少の濃淡の差こそあれ，クロネッカーに寄せる関心は途切れることなく持続したが，より深い認識への道が開かれようとする気配はついに見えないままであった．

道元に寄せる

　一般化と問題解決を関心事とする今日の数学の趨勢に倦んで久しかったおりから，数々の数学の古典への沈潜は数学的生命の再生への期待を担うに足る生き生きとした活力を十二分に備えていた．だが，ここにはただ一点だけ，何かしら不吉な行く末を暗示する黒点が存在し，しかもその処遇の如何(いかん)はいつか必ずこの大計画の帰趨を左右する一大事になるにちがいないと思われた．それがクロネッカーであった．

　クロネッカー以外の数学者たちについては，ガウスでもアーベルでも，なるほど遺漏なく精密に理解するには膨大な量の時間と労力を要するであろうとしても，がんばればなんとかなるという予感があった．しかしクロネッカーだけはちがっていた．ほとんどの論文が未知のものであることに当惑させられて，リストアップの段階ですでに大きな困難を覚えたこともさることながら，どの論文を観察しても，「とうてい理解できそうにない．丹念に読んでも何もわかるまい」としか思えなかったのである．

　なぜひとりクロネッカーのみが例外なのか，この時点ではもとより知るすべもなかったが，ともあれこの「おそらく理解できまい」という感情は論理と本質の双方にまたがって，広くクロネッカーの世界全体を覆っていた．何よりもまず，ほとんどすべての論文は容易に追随を許さないであろうという思いがあった．たとえ，連作「楕円関数の理論」の場合のように，幸

いにも普通の（これは「クロネッカー以外の」という意味である）論文を読むのと同様の仕方で論理の連鎖を追っていくことが可能であるように思えたとしても，その本質，すなわち，真実の意図の洞察となると，手掛かりとなりうるものは依然として何も見えそうにないのであった．

玉城康四郎先生（仏教学者）は道元のわかりにくさについてこんなふうに語っている．

> 道元がわたしの心に影を落としはじめたのは，いつのころであったろうか．仏教を学ぼうとするものが，道元に関心をもつのは当然であるかもしれないが，かれとのそのころのかかわり方には，いささか特殊な雰囲気があったように思う．
>
> 日支事変が起こる前に高等学校の生活を楽しんだものにとっては，人生を語り，芸術を論じ，何とはなしに哲学にあこがれるという思考が，青年の心をとらえて放さなかった．それは全部ではなくても，大部分のものが同じような方向に向いていたことが，特別の共同体意識をつくり上げていたようである．語りあい論じあうことにおいて，芸術や人生の在り方がすでにわれわれの掌中につかまれているような錯覚をおぼえ，青春の目覚めが，情熱と自覚との未分の状態のなかから，はっきりと立ちのぼっていく光景を，生まれかわったような気概で享受したものである．
>
> そうした雰囲気のなかで，カントやヘーゲルの名が口にのぼり，ニーチェやキルケゴールが語られたが，もとより原書を見ているわけではなかった．これらの名前にまじって，道元の名がわれわれの心に浮かんでいたのである．心

に印せられた人物の配列からいえば，道元は，空海や親鸞などとではなく，カントやヘーゲルと並んでいたことは，いかにも奇異である．この組み合せは，大学へ進んでも変わることはなかった．おそらく，和辻哲郎教授の論著「沙門道元」の影響が及んでいたことは疑いを入れまい．道元は，近代哲学にも比べられるような，すぐれた思弁を包んでいるということが，かれへの接触の最初の印象であったように思う．

しかしながら，カントやヘーゲルは，学べば理解できるという予感があった．なるほどかれらの指さすところの世界は深遠ではあっても，ことばをたどっていけば意味は通じそうである．しかし道元は，学んでもおそらく理解できまいという危惧の念が先立っていた．『正法眼蔵』の巻を開けば，ただちに共感はできる．しかも不思議なことばの魅力がたたえられている．しかし，その境地はたちまち雲煙のかなたに飛び去り，凡識の及び得ないところで，ひたすら語っているのである．（責任編集：玉城康四郎，『日本の名著 7 道元』所収「道元思想の展望」より．中央公論社，1974 年）

このような玉城先生の言葉にはじめて触れたとき，驚きと感銘と喜びがこもごもわき起こり，心から共感を禁じえなかった．近代数学史におけるクロネッカーの姿はさながら玉城先生の語る道元のようであった．玉城先生が道元について言うように，クロネッカーもまた「学んでもおそらく理解できまいという危惧の念が先立っていた」が，『クロネッカー全集』（全 5 巻）の各巻をひもとけば，どの頁を見ても「不思議なことば

の魅力がたたえられて」いた.だが,「その境地はたちまち雲煙のかなたに飛び去り,凡識の及び得ないところで,ひたすら語っている」のであった.

クロネッカーの解読作業は今日もなお著しい進展を見ないままの状態に留まっている.だが,それはそれとして,ここではクロネッカー以外の数学者たち,特にガウス,アーベル,アイゼンシュタイン,それにクンマーの解読の成果を踏まえたうえで,クロネッカー全集の中の不思議な魅力をたたえている言葉の数々を丹念に拾っていきたいと思う.そうしてそのような作業の中から,クロネッカー解明の基本構想がおのずと立ち現れてくることを期待したいと思う.

2 ── クロネッカーの数学研究の回想

空白の 8 年

レオポルト・クロネッカーは 1823 年 12 月 7 日にドイツのリーグニッツに生まれ,1891 年 12 月 29 日,ベルリンにおいて満 68 歳の生誕日の直後に生を終えた数学者である.数学者としての出発は早く,すでに 1845 年には,1 頁のノート(第 1 論文)

> 「すべての素数 p に対し,方程式 $1+x+x^2+\cdots+x^{p-1}=0$ は既約であることの証明」

とともに,クンマーに捧げられた学位論文

> 「複素単数について」(1882 年.はじめ 1845 年 9 月 10 日付で全 16 章の論文が成立した.後年,全 20 章に増補されて,1882 年の『クレルレの数学誌』,第 93 巻に掲載された)

がベルリン大学に提出された．クロネッカーはこの時点で満21歳．クンマーはリーグニッツのギムナジウムで出会って以来，敬愛する数学の師匠であった．

研究活動の息の長いことも尋常ではない．思索の実りの報告は途切れることがなく，50代に入り，60代にいたっても衰えの気配は見られなかった．実際，1881年には，長大な作品

> 「代数的量のアリトメチカ的理論の概要」（1881年9月10日付．クンマーの学位取得50年を祝う記念論文として執筆された．「9月10日」という日付は36年前の日付と同じだが，必ずしも偶然ではない．なぜなら，この論文の「まえがき」に明記されているように，この記念論文は学位論文の延長線上に位置するべきものと考えられているからである．初出は『クレルレの数学誌』，1882年，第92巻，1-122頁．1845年に書かれた学位論文と同じ1882年に『クレルレの数学誌』に掲載されたことも，合わせて想起しなければならない）

が現れているし，1883年の春には，最晩年まで書き継がれた連作

> 「楕円関数の理論」（I–XXII，『プロイセン議事報告』，1883–1890年）

の公表が開始されている．そうして生涯の最後の年（1891年）にもなお，不思議な輝きを内に秘めた論文

> 「ルジャンドルの関係式」（1891年）

が出現した．

1845年の1頁のノートと学位論文に次いで，クロネッカーは1853年になって，論文

「代数的に解ける方程式について (I)」(1853 年)

を公表した．この間，実に 8 年という歳月が経過して，クロネッカーは 29 歳になっていた．

だが，それだけにいっそう，1845 年から 1853 年まで 8 年に及ぶ特異な空白期は，クロネッカーの人と数学に関心を寄せるわれわれの心に不可解な奇異感を呼び起こすのである．

ハインリッヒ・ウェーバーは「ドイツ数学者協会の集りの日からこのかた，われわれの学問は取り返しのつかない損失を嘆き悲しまなければならない．レオポルト・クロネッカーはわれわれの間にはもういない …」という美しい言葉に始まる追悼記

「レオポルト・クロネッカー」(1893 年)

の中で，この間の事情に触れてこんなふうに語っている．

> クロネッカーの人生の中で，その活動の大部分が家庭の事情に費やされていた一時期——そのうえこの時期には身体上の病苦に悩まされていた——をはっきりと示しているのは，公にされた論文の系列中に認められる断絶である．
>
> 1845 年から 1853 年までについては，私の目に留まる記録すべき刊行物はひとつもない．(『数学年報』，第 43 巻，5 頁)

家庭の事情や病苦による障碍．だが，クロネッカーは数学者として無為の日々を送っていたのではない．ウェーバーはさらに言葉を重ねている．

> この時期にも学問の面で怠惰であったわけではないし，

> ひょっとしたらまさにこの時期にこそ,学問上の進展と成熟の時を求めなければならないのかもしれない.たとえわれわれは知らないにせよ,彼はこの時代を通じて学問に関する熱のこもった文通,わけても友人クンマーとの手紙のやりとりを続けていた.その文通の成果が,上述の推定を立証するのである.(同上)

クンマーの全集には 31 通のクロネッカー宛書簡が収録されている.第 1 書簡はかんたんな伝言で日付もないが,第 2 書簡以降は(1848 年 5 月 5 日付の 1 通のみを除いて)すべての書簡が詳細な研究報告の体をなしている.第 2 書簡の日付は 1842 年 1 月 16 日.第 24 書簡には 1853 年 4 月 24 日の日付が記されている.これらの書簡を通じて彷彿するのは,「クンマーの数論」をクロネッカーに語り伝えようとするクンマーその人の姿である.

代数方程式の第 1 論文をめぐって

1853 年の論文「代数的に解ける方程式について (I)」をめぐる小さな物語も書き留められている.

> 1853 年 5 月,彼は,再び公の世界に現れた際に最初に携えていた研究成果を,パリへの旅の途次,ベルリンに滞在したおりにディリクレの手にゆだねた.ディリクレはそれを同年 6 月 20 日にベルリン科学アカデミーに提出した.この論文は同アカデミー紀要に掲載された.それは代数的に解ける方程式に関する名高い論文であり,その簡潔さと思索の豊かさにおいて,この論文に先だってなされたであろう,大量の研究を前提としてはじめて成立する研究成果である.(同上,5-6 頁)

ウェーバーの言葉のとおり，あの空白の 8 年間こそ，数学者クロネッカーが真に数学者として誕生するために必然的に要請された「成熟の時」であった．そうしてクロネッカーの 20 代の思索の果実は論文「代数的に解ける方程式について（I）」，をはじめとする 4 篇の論文に盛られている．他の 3 論文は下記のとおりである．

> 代数的に解ける方程式について（II）（1856 年）
> 虚数乗法が生起する楕円関数について（1857 年）
> 楕円関数の虚数乗法について（1862 年）

これらの 4 論文はみな 10 頁程度の短篇であり，深い思索に裏打ちされた諸結果の言明や証明のスケッチは認められても，すみずみまで行き届いた完璧な叙述がなされているというわけではない．だが，これらはさながらクロネッカーの全数論的世界の設計図のようであり，ここに凝縮されている数学の萌芽を存分に展開していけば，やがておのずと世界の全容が開かれていくのである．

これらの 4 篇に学位論文「複素単数について」を合わせた 5 論文を「基本 5 論文」と呼びたいと思う．1853 年の「代数的に解ける方程式について（I）」から 1862 年の「楕円関数の虚数乗法について」にいたる 4 篇の論文が全体として 1 個の数学の種子を形作っているのに対し，学位論文がクロネッカーの数論的世界において占める位置は独自である．この論文については，「クロネッカーにおける代数的整数論の形成」という視点に立って，特別の考察を加える必要がある．クロネッカーの諸論文はみな何らかの道をたどって基本 5 論文のいずれかと結ばれている．その様相を具体的に明らかにすることは，クロ

ネッカーの数論の解明の構想に不可欠の基礎作業であり，同時に究明の第一目標を与えている．本稿では考察の範囲をひとまず代数方程式論の領域に限定し，われわれの第一目標に可能な限り接近することを試みたいと思う．その歩みの中から，われわれは「クロネッカーの定理」や「クロネッカーの青春の夢」の意味，一般にアーベル方程式の構成問題というものの真意の解明の手掛かりを，おのずと手にすることができるであろう．

3 ── 特異モジュールの諸相

アーベルの遺産を継承して

クロネッカーの数学的思索の中には，手に手を携えてつねに全体を統御する働きを示す二つの変数，「顕わな変数」と「隠れた変数」が存在する．顕わな変数とは**特異モジュール**を指し示す言葉であり，隠れた変数の意味するものは**相互法則**（本書では，単に相互法則といえばつねに冪剰余相互法則を意味する）にほかならない．特異モジュールの働きをさまざまな角度から究明し，その究明の成果に立脚しつつ，相互法則に向けて大きな一歩を運ぼうとする世界．それがクロネッカーの数論の世界である．

そこでまず特異モジュールという顕わな変数に着目し，この変数がクロネッカーの諸論文の中でさまざまな変奏を繰り広げていく様子を観察したいと思う．この変奏は特異モジュラー方程式の諸性質に始まり，単項イデアル定理およびアーベル方程式の構成問題との関わりへと進んでいく．そうして最後に，相互法則という隠れた変数がわずかに浮上して，陰陽二つの変数の軌跡が瞬時に交叉する場面に際会するであろう．そのかすか

な情景を目にしえたとき,われわれのクロネッカー論はようやく基本構想の糸口をつかむことができるのである.

特異モジュールに関するクロネッカーの探究において,決定的な契機となったのはアーベルの楕円関数論であった.1857年の論文

「虚数乗法が生起する楕円関数について」(1857年.1857年10月29日,プロイセン科学アカデミーで報告された)

の冒頭で,クロネッカーはアーベルから受けた影響に触れて,みずからこんなふうに語っている.

アーベルの論文(全集,第1巻,272頁)の中に,虚数乗法が生起する楕円関数のモジュールはすべて冪根を用いて書き表されるという所見が見出される.だが,アーベルがそのような特別の種類の楕円関数の,この注目すべき性質を発見するにいたった方法についての示唆は欠如している.この発見が起ったのはまさしく論文「楕円関数研究」の起草ののちのことであったという事実は,この論文の中の一節(全集,第1巻,248頁.または『クレルレの数学誌』,第3巻,182頁)から明らかになる.そこではなお,上に言及されたモジュールを定める方程式の可解性に対して疑念が表明されているのである.… 一番はじめに挙げたアーベルの所見に刺激され,私はその証明を見つけようとする意図をもって,この前の冬に(註.1856年の冬),虚数乗法が生起する楕円関数の研究に打ち込んだ.そうしてそのおりに,私は探し求められていた証明のほかにもなお,多くの興味ある結果を見出だした.それらのうちのいくつかをここで手短に報告したいと思う.(『プロイセン月報』,1857年,455–456頁)

このように語られたクロネッカーの言葉の背景について，諸事実を回想しておきたいと思う．アーベルの全集の第 1 巻，272 頁を参照するようにという指示が見られるが，アーベルの全集は 2 度にわたって編纂された．クロネッカーが挙げたのはホルンボエが編纂した最初の全集で，1839 年に刊行されている．そののち，1882 年になってシローとリーが 2 度目の全集を編纂した．どちらの全集も全 2 巻で編成されている．

ホルンボエが編纂したアーベルの全集の第 1 巻，253–274 頁にアーベルの論文

「楕円関数の変換に関するある一般的問題の解決」(1828 年)

が収録されている．272 頁を参照すると，「一般問題のひとつの注目すべき問題が存在する」というアーベルの宣言が目に留まる．アーベルは変数分離型の微分方程式

$$\frac{dy}{\sqrt{(1-c^2y^2)(1-e^2y^2)}} = a\frac{dx}{\sqrt{(1-c^2x^2)(1-e^2x^2)}}$$

(a は定量)

を提示して，その解を求めるという課題を設定し，ひとつの命題を報告したのである．この微分方程式の両辺に見られる微分式は楕円積分

$$\int \frac{dx}{\sqrt{(1-c^2x^2)(1-e^2x^2)}}$$

に由来する．楕円積分というのは今日の語法であり，アーベルによる呼び名は楕円関数である．c, e はこの楕円積分の**モジュール**と呼ばれる定数である．

アーベルは，ここに提示された微分方程式が**代数的**な積分を

許容するという場合を想定した．x と y を連繋する代数方程式 $f(x,y)=0$ が存在し，その微分を作ると上記（213頁）の微分方程式が生成されるなら，その方程式を指して代数的な積分と呼ぶ．代数的な積分が存在する場合，定数 a は任意ではありえず，必然的に

$$\mu' + \sqrt{-\mu}$$

という形でなければならないことを，アーベルはまずはじめに指摘した．ここで，μ' と μ はどちらも有理数であり，しかも後者の μ は必ず正である．このような形の数には**虚2次数**という呼び名が相応しい．

アーベルの言葉が続く．定量 a にそのような値を割り当てるとき，モジュール e と c もまた任意ではありえない．e と c として，微分方程式の代数的積分が存在しうるような値を無数に見つけることが可能である．そればかりではなく，**それらの値はすべて冪根によって表される**とアーベルは書き添えた．クロネッカーが着目したのはこのようなアーベルの言葉である．

楕円積分の逆関数を指して楕円関数と呼ぶことを提案したのはヤコビであり，クロネッカーはそのヤコビの語法を踏襲した．楕円積分

$$\alpha = \int \frac{dx}{\sqrt{(1-c^2x^2)(1-e^2x^2)}}$$

の逆関数を $x = \varphi(\alpha)$ で表して，微分方程式

$$\frac{dy}{\sqrt{(1-c^2y^2)(1-e^2y^2)}} = a\frac{dx}{\sqrt{(1-c^2x^2)(1-e^2x^2)}}$$

が代数的な積分 $f(x,y)=0$ をもつ場合を考えると，

$$x = \varphi(\alpha), \qquad y = \varphi(a\alpha)$$

と表記され，二つの関数 $\varphi(\alpha)$, $\varphi(a\alpha)$ は代数方程式

$$f(\varphi(\alpha),\varphi(a\alpha)) = 0$$

により結ばれている．ここで，変化量 α に乗じられている定量 a は必ず虚 2 次数である．この状況を指して，楕円関数 $\varphi(x)$ は虚数乗法をもつと言い表すことにすると，アーベルが指摘した命題は，**虚数乗法が生起する楕円関数のモジュールはすべて冪根を用いて書き表される**と簡潔に言い換えられる．クロネッカーはアーベルのひとことをこのように諒解した．

楕円関数 $\varphi(x)$ に対して虚数乗法が生起する場合，モジュール e と c には**特異モジュール**という呼称がよく似合う．アーベルの言葉には，特異モジュールは代数方程式を満たす量であること，しかも冪根により表されることが含意されている．特異モジュールが満たす代数方程式を**特異モジュラー方程式**と呼ぶことにすると，アーベルは特異モジュラー方程式の代数的可解性を見たのである．

アーベルの思索の軌跡をたどる——逡巡から確信へ

特異モジュラー方程式の代数的可解性の洞察は，代数方程式論と楕円関数論の場におけるアーベルの思索のひとつの到達点であった．だが，この認識にいたるまでにはアーベルにも逡巡の時期があった．クロネッカーはその間の消息に目を留めて，「この発見が起ったのはまさしく論文「楕円関数研究」の起草ののちのことであった」と指摘し，アーベルの全集の第 1 巻，248 頁，もしくは『クレルレの数学誌』，第 3 巻（1828 年），182 頁を参照するようにと指示したのである．「この発見」は特異モジュラー方程式の代数的可解性を指す．「アー

ベルの全集」（ホルンボエが編纂した最初の全集）の第1巻，141–252頁には「楕円関数研究」の全篇が収録され，『クレルレの数学誌』，第3巻（1828年）にはアーベルの論文「楕円関数研究」の後半と「補記」が掲載されている（160–187および187–190頁）．

クロネッカーの文献指示にしたがうと，

> われわれが今しがた考察を加えたばかりの2通りの場合には，量eの値を見つけるのはむずかしいことではなかった．**しかしnの値がもっと大きくなると，おそらく代数的には解けない代数方程式に出会うであろう．**（ホルンボエが編纂した『アーベル全集』，第1巻，247–248頁．『クレルレの数学誌』，第3巻，182頁）

という言葉に出会う．これがクロネッカーのいうアーベルの「疑念の表明」である．

アーベルの「楕円関数研究」の後半と「補記」には執筆時期を示す日付は記されていないが，ベルリンのクレルレのもとに送付したのは1828年2月12日である．論文「楕円関数の変換に関するある一般的問題の解決」の末尾には1828年5月27日という日付が記入された．2月12日から5月27日にいたる日々の思索が結実し，疑念が払拭されたのである．

虚数乗法が生起する楕円関数のモジュール．それが特異モジュールである．特異モジュールはある代数方程式を満たし，しかもその方程式，すなわち**特異モジュラー方程式**は代数的に可解である．アーベルは多少の逡巡の後にそのような認識を明確に表明した．クロネッカーの思索はこのアーベルの言明に証明を与えようとする試みから出発したのである．

アーベルの論文「楕円関数研究」より

アーベルの論文「楕円関数研究」，第 10 章には，

分離方程式
$$\frac{dy}{\sqrt{(1-y^2)(1+\mu y^2)}} = a \cdot \frac{dx}{\sqrt{(1-x^2)(1+\mu x^2)}}$$
の積分について

という表題が附せられている．もうひとつの論文「楕円関数の変換に関するある一問題の解決」とはいくぶん表記法が異なるが，「楕円関数研究」の叙述に沿ってアーベルの言葉を再現したいと思う．

定数 a が有理数の場合，この微分方程式は完全代数的積分を受け入れることを，アーベルはまずはじめに指摘した．周知のように（comme on sait）とも言い添えられたが，このひとことにはこれを発見したのはオイラーであることが含意されている．楕円関数論は微分方程式論の場において，オイラーの発見とともに歩み始めたのである．

アーベルは微分方程式の解を積分と呼んでいるが，これはオイラーの語法である．「代数的積分」は「代数的解」と同じであり，微分方程式の完全解というのは一般解のことである．微分式

$$\frac{dx}{\sqrt{(1-x^2)(1+\mu x^2)}}$$

の積分，すなわち楕円積分

$$\alpha = \int_0^x \frac{dx}{\sqrt{(1-x^2)(1+\mu x^2)}}$$

の逆関数を

$$x = \varphi(\alpha)$$

と表記する．ヤコビはこの逆関数に対して楕円関数という呼称を提案した．μ は楕円積分 α のモジュールと呼ばれる定数だが，これまでそうしてきたように楕円関数 $\varphi(\alpha)$ のモジュールと呼んでもよい．

オイラーの発見を受けて，アーベルは a が有理数ではない場合を考察した．a が実数のとき，上記の微分方程式が代数的に積分可能である場合には，a は有理数であるほかはない．アーベルはこれを「定理 I」として明示した（『クレルレの数学誌』，第 3 巻，1828 年，181 頁）．a が実数域に留まる限り，オイラーの発見をこえる現象は観察されないのである．

これに対し，虚数域に移ると状況は一変する．a は虚数とし，上記（217 頁）の微分方程式は代数的に積分可能とすると，a は任意ではありえず，$m \pm \sqrt{-1} \cdot \sqrt{n}$ という形でなければならないという奇妙な条件が課されるのである（同上）．ここで，m と n は有理数であり，特に n は正の有理数である．言い換えると，a は虚 2 次数である．これに加えて，モジュール μ もまた任意ではありえない．μ はある方程式を満たし，その方程式は実または虚の根を無数にもっている．それらの根の各々に対し，対応して定まる微分方程式は代数的に積分可能である．ここまでが「定理 II」である．

アーベルはオイラーの発見からなお一歩を進め，定数 a が虚数の場合を考察して新たな数学的現象に遭遇した．この一歩の歩みこそ，虚数乗法論，すなわち，特異モジュールをもつ楕円関数の等分方程式の代数的可解性を探究する理論の泉である．

次に引くのは，二つの定理の証明に関連して表明されたアーベルの所見である．

> これらの定理の証明は，目下私が研究を進めていて，まもなく実現可能になると思われる楕円関数に関するある非常に広範な理論の一部分をなす．（同上）

アーベルは証明を手にしていた模様だが，早世したアーベルには予定されていた研究は結実するゆとりがなく，アーベルの心のカンバスに描かれていた「非常に広範な楕円関数論」はついに現れなかった．

特異モジュラー方程式の諸例

「定理 II」の文言を回想して一段と深遠な印象を受けるのは，モジュール μ は任意ではないという指摘である．無数の実または虚の根をもつ方程式を満たすという文言の意味合いはいくぶん不明瞭だが，アーベルが挙げている具体例を観察すると，状況は次第に明るさを増してくる．アーベルは二つの計算例を挙げた．

第 1 の例は，定数 $\sqrt{-3}$ を伴う微分方程式

$$\frac{dy}{\sqrt{(1-y^2)(1+e^2y^2)}} = \sqrt{-3} \cdot \frac{dx}{\sqrt{(1-x^2)(1+e^2x^2)}}$$

である．ひとつの代数的積分は，有理関数

$$y = \sqrt{-1}\, ex\, \frac{\varphi^2\left(\frac{\omega}{3}\right) - x^2}{1 + e^2\varphi^2\left(\frac{\omega}{3}\right)x^2}$$

によってもたらされる．ここで，ω は等式

$$\int_0^1 \frac{dy}{(1-y^2)(1+e^2y^2)} = \frac{\omega}{2}$$

により与えられる定数である．対応するモジュール e は 2 次

の代数方程式

$$e^2 - 2\sqrt{3}\,e - 1 = 0$$

を満たす．これが特異モジュラー方程式である．この方程式の2根 $\sqrt{3}\pm 2$ のうち，正の根 $e = \sqrt{3}+2$ が選定されて（論証が必要である），提示された微分方程式は

$$\frac{dy}{\sqrt{(1-y^2)(1+(2+\sqrt{3})^2 y^2)}} = \sqrt{-3} \cdot \frac{dx}{\sqrt{(1-x^2)(1+(2+\sqrt{3})^2 x^2)}}$$

という形になり，有理関数

$$y = \sqrt{-1} \cdot x \frac{\sqrt{3}-(2+\sqrt{3})x^2}{1+\sqrt{3}(2+\sqrt{3})x^2}$$

がその代数的積分を与えている．

第2の例は微分方程式

$$\frac{dy}{\sqrt{(1-y^2)(1+e^2 y^2)}} = \sqrt{-5} \cdot \frac{dx}{\sqrt{(1-x^2)(1+e^2 x^2)}}$$

である．有理関数

$$y = \sqrt{-1}\,e^2 x \, \frac{\varphi^2\left(\dfrac{\omega}{5}\right)-x^2}{1+e^2\varphi^2\left(\dfrac{\omega}{5}\right)x^2} \cdot \frac{\varphi^2\left(\dfrac{2\omega}{5}\right)-x^2}{1+e^2\varphi^2\left(\dfrac{2\omega}{5}\right)x^2}$$

はひとつの代数的積分を与え，モジュール e は3次の代数方程式

$$e^3 - 1 - (5+2\sqrt{5})e(e-1) = 0$$

を満たす（計算が必要である）．この3次方程式が特異モジュラー方程式である．アーベルは計算を進めて，3個の根

$$e = 1, \quad e = 2 + \sqrt{5} - 2\sqrt{2+\sqrt{5}},$$
$$e = 2 + \sqrt{5} + 2\sqrt{2+\sqrt{5}}$$

のうち，最後の根が適合することを論証した．

これらの 2 例では特異モジュラー方程式は容易に代数的に解けて，e の数値が冪根を用いて表示された．ではつねにそうかというところに，この時期のアーベルの逡巡があり，「n の値がもっと大きくなると，おそらく代数的には解けない代数方程式に出会うであろう」という言葉を書き留めることになった．既述のように（214 頁参照）この推定はまもなく撤回されたが，誤った推定とその撤回の根底に，代数的可解性に寄せる強い関心が流れていた．クロネッカーはそのアーベルに共鳴し，関心を共有しようとしたのであった．

特異モジュールの力

フェルマの数論がオイラー，ラグランジュの手を経て不定方程式論へと変容したのは，西欧近代の数学における初期の数論史を彩るめざましい出来事であった．これに対し，2 次，3 次，4 次の代数方程式の解法の探索や次数が 4 をこえる代数方程式の代数的可解性の探究は，数論とは無縁の場所でさまざまに積み重ねられてきた．16 世紀のイタリアで 3 次と 4 次の代数方程式の解法を発見したシピオーネ・デル・フェッロ，タルタリア，フェラリをはじめとして，デカルト，ベズー，チルンハウス，オイラー，ラグランジュと続く一系の人びとの名が次々と回想される．そこにガウスの円周等分論が出現し，これによって代数方程式論と数論の間に橋が架けられることになった．複素数の導入と代数方程式論との連繋という，ともにガウ

スに由来するアイデアにより，数論史は新たな局面を迎えることになった．

ガウスの円周等分方程式論はアーベルに継承されて，巡回方程式とアーベル方程式の概念に結実した．巡回方程式は特別のアーベル方程式である．代数方程式論の視点に立てば，アーベル方程式は代数的に解ける代数方程式の事例のひとつであるという以上の意味をもちえない．だが，数論との関連に目を向けると様相は一変する．アーベル方程式にはいくつもの神秘的な属性が附随して，それらの真意は数論との関連のもとで明らかになる．しかもその数論とはガウスの数論にほかならない．

特異モジュラー方程式は虚2次数域に係数をもつアーベル方程式であり，特異モジュールは冪根により表示される．今日の語法に沿えば，虚2次数域上の代数的数であるという認識がここから発生すると言えそうであり，代数的整数論の雛形が形作られたと見ることも許されるであろう．もとよりアーベルとクロネッカーがそのように命名したのではない．この二人の数学者が深い関心を寄せたのは，指定された係数域をもつアーベル方程式の構成問題であった．ガウスが発見した数論の泉から流露した問題であり，その延長線上にはヒルベルトと高木貞治による類体の理論さえ姿を現すのである．

クロネッカーの青春の夢

特異モジュールに備わっている独特の力が真に発揮されるべき固有の場所を探索したいと思う．クロネッカーは全作品中のただ一箇所において，そのような場所の所在を示唆している．その場所こそ，クロネッカーの世界に遍在するロマンチシズムの源泉，あの青春の夢にほかならない．特異モジュールの働き

の真実の意味は，クロネッカーの青春の夢の考察の中ではじめて解き明かされるのである．

そこでその解明の様相を観察するために，クロネッカーの言葉に即しつつ，一般的な視点からアーベル方程式の構成問題——青春の夢はこの問題の一区域を作っている——に目を向けたいと思う．まずクロネッカーは，論文

「代数的に解ける方程式について (I)」（1853 年．同じ表題の論文がもう 1 篇あるため，番号「I」をつけて区別する）

において，

どのような整係数アーベル方程式の根も 1 の冪根の有理関数として表される．（『プロイセン報告』, 1853 年, 373 頁）

と言っている．ここで語られているのはいわゆる「クロネッカーの定理」であり，ここでは整係数アーベル方程式は全体として円周等分方程式によって汲み尽くされることが主張されている．係数域の属性がアーベル方程式の形状を規定するのである．この言明に次のような言葉が続く．

その係数が $a+b\sqrt{-1}$ という形の複素整数のみを含むようなアーベル方程式の根と，レムニスケートの等分の際に現れる方程式の根との間にも，類似の関係が存在する．そうして究極的には，この結果をいっそう広範に，その係数が一定の代数的数に由来する非有理性を含むような，すべてのアーベル方程式に対して一般化することが可能である．（同上）

この言葉の前半で語られている事柄は，クロネッカーの青春

の夢の一部分を作る命題である．ここで主張されているのは，ガウス数体を係数域にもつアーベル方程式は，全体としてレムニスケート曲線（レムニスケート関数といっても同じである）の等分方程式によって汲み尽くされるという事実である．これに対し，後半部で表明された状勢は完全に一般的であり，ある数域を任意に指定するとき，その数域を係数域にもつすべてのアーベル方程式を生成するための一定の様式が存在するというのである．ここにはっきりと打ち出されたのはアーベル方程式の構成問題そのものにほかならないが，そのうえ，真に驚くべきことに，その解答がすでに掌中にあることさえ示唆されている．

　ただしアーベル方程式の構成様式というものの実体は必ずしも明瞭ではない．クロネッカーを論じようとする立場に立つのであれば，円周等分方程式やレムニスケート等分方程式，あるいはまた「クロネッカーの青春の夢」における「特異モジュールをもつ楕円関数の変換方程式」（次の段落で引用するクロネッカーの言葉参照）を包摂するものとして考えられている，何かある一般的なものを明らかにするようにつとめなければならないであろう．この最後の問いに対し，ヒルベルトは「与えられた数体に附随するある一定の解析関数系の特殊値がみたすアーベル方程式系」をもって応えようとした．それが「ヒルベルトの第12問題」である．

Column

ヒルベルトの第12問題

　1900年，ヒルベルトはパリで開催された国際数学者会議において講演し，「ヒルベルトの問題」と呼ばれる23個の問題を提示した．次に挙げるのは第12問題からの引用である．は「クロネッカーの青春の夢」の延長線上に開かれていく世界が描かれている．

最後に，有理数域もしくは虚 2 次数体の代りに任意の代数的数体が有理域として根底に置かれている場合へのクロネッカーの定理の拡張．これは私にはきわめて重要なことと思われる．私はこの問題を数論と関数論のもっとも深く，もっとも広範囲にわたる諸問題のひとつと考えている．
……
われわれが目にするように，たったいま明示された問題では，数学の三つの基本分野，すなわち数論，代数学，それに関数論がきわめて親密な相互関係で結ばれている．そうして私は確信している．もし任意の代数的数体に対して，有理数体に対する指数関数，また虚 2 次数体に対する楕円モジュラー関数と同様の役割を演じる関数を発見して究明するという状態に到達するなら，わけても多変数解析関数論は本質的な利益を受けるであろう，と．

クロネッカーは 1880 年 3 月 15 日付のデデキント宛書簡（1895 年．1895 年 2 月 14 日の科学アカデミー全体会議でフロベニウスが報告した）の中で，「最愛の青春の夢」をこんなふうに語っている．

> この数箇月間，私はある研究に立ち返って鋭意心を傾けてきました．この研究が終結にいたるまでには多くの困難が行く手に立ちはだかっていたのですが，今では最後の困難を克服したと信じます．そのことをあなたにお知らせするよい機会と思います．それは私の**最愛の青春の夢**（Es handelt sich um **meinen liebsten Jugendtraum**）のことです．詳しく申し上げますと，整係数アーベル方程式が円周等分方程式で汲み尽くされるのと同様に，**有理数の平方根を伴うアーベル方程式は特異モジュールをもつ楕円関数の変換方程式で汲み尽くされる**という事実の証明のことなのです．（『プロイセン議事報告』，1895 年，115 頁）

Auszug aus einem Briefe von L. Kronecker an R. Dedekind.

(Vorgelegt von Hrn. Frobenius.)

Berlin 15. März 1880.

Meinen besten Dank für Ihre freundlichen Zeilen vom 12. c.! Ich glaube darin einen willkommenen Anlass finden zu sollen, Ihnen mitzutheilen, dass ich heute die letzte von vielen Schwierigkeiten besiegt zu haben glaube, die dem Abschlusse einer Untersuchung, mit der ich mich in den letzten Monaten wieder eingehender beschäftigt habe, noch entgegenstanden. Es handelt sich um meinen liebsten Jugendtraum, nämlich um den Nachweis, dass die Abelschen Gleichungen mit Quadratwurzeln rationaler Zahlen durch die Transformations-Gleichungen elliptischer Functionen mit singulären Moduln grade so erschöpft werden, wie die ganzzahligen Abelschen Gleichungen durch die Kreistheilungsgleichungen. Dieser Nachweis ist mir, wie ich glaube,

> クロネッカーのデデキント宛書簡より．1880年3月15日．6行目から7行目にかけて meinen liebsten Jugendtraum （私の最愛の青春の夢）という言葉が見られる．

即座に問題となるのは「青春の夢」を解決する方法だが，それに関連してクロネッカーが同じデデキント宛書簡の中で表明した見解は瞠目に値する．クロネッカーの言葉に虚心に耳を傾けたいと思う．

> 私は先ほど申し上げた定理（註．「青春の夢」を指す）の証明を長い間おぼろげに心に描いて探し求めてきたのですが，そのためにはなお特異モジュールに対するあの注目に値する方程式の本性に対する，あるまったく別の——そのように申し上げてよろしいかと思います——形而上的洞察が私にとって不可欠でした．その形而上的洞察の力をもって，このような方程式はなぜ——クンマーの表記法（私はそれを 1857 年の報告（註．「虚数乗法が生起する楕円関

数について」）でも使用しました）によりますと——$a + b\sqrt{-D}$ に対する理想数（die idealen Zahlen）に具体的な姿形を与えるのに過不足のない無理量をもたらすのかという，そのわけが明らかにされなければなりませんでした．
（同上，116頁）

特異モジュールには虚2次数域のイデアルにいっせいに「具体的な姿形を与える」力が宿っているが，ここに引用した言葉によれば，クロネッカーはこの事実の発見に続いてなお一歩を進め，なぜこのような力が存在するのかという形而上的な問いの究明に移ったようである．そうして「青春の夢」の解決のためには，この問いに対する解答をわれわれに教えてくれる，何かしら超越的な性格を有する洞察力が不可欠であるというのである．不思議な魅力をたたえてやまない数々のクロネッカーの語録の中でも白眉とも言うべき言葉であり，クロネッカーの特異な数学思想の面目が躍如とする場面である．アーベルの深い影響のもとに出発したクロネッカーの特異モジュールの研究はここに大団円を迎え，「青春の夢」との親密な関わりの中で，その真意の所在が明るみに出されたのである．

アーベル方程式の構成問題

青春の夢をみごとな雛形として包摂するアーベル方程式の構成問題は，クロネッカーの代数的整数論のもっとも基本的な動因であった．クロネッカー自身，「代数的量のアリトメチカ的理論の概要」の序文の冒頭で，この間の消息をこんなふうに振り返っている．

代数的および数論的研究に関する同時代の仕事に導かれ

て，私はすでに早い時期から，代数学のアリトメチカ的側面を特別に注視しなければならないという見解に達していた．そこでアーベル方程式の根から形成される複素数の研究は，ある有理域におけるアーベル方程式の構成という，代数的＝アリトメチカ的問題へと私を導いたのである．

(『クレルレの数学誌』，第92巻，1882年，1頁)

すでに目にしたように，クロネッカーの代数的整数論の中には相対アーベル数体（コラム参照）に関するある種の一般理論——そこには今日の類体論へと向かう力が内在している——が萌していたが，上に挙げた言葉により，そのような理論の意味もまた明瞭に看取されるであろう．すなわち，何かしら「類体の理論」の名に値する理論を建設し，その土台の上にアーベル方程式の構成問題の解決をはかることが，代数的整数論におけるクロネッカーの基本構想だったのである．

今日の語法に沿って，デデキントが提案した代数的整数論の枠組に身を置いて言い表せば，係数域を指定してアーベル方程式を構成する問題は相対アーベル数体の構成問題と同じである．何らかの理論的枠組が要請されるのはまちがいなく，デデキントとは別に，クロネッカーもまた「代数的量のアリトメチカ的理論の概要」（1882年）において独自の代数的整数論の構築を試みた．

ウェーバー，ヒルベルトから高木貞治へと，代数的整数論の流れは大略クロネッカーの指針に沿う形で推移していった．この流れは通常，類体論形成史として語られることの多い歴史現象である．そうして最終的に高木貞治により規定されることになる「分岐する類体」の一般概念を土台に据えるとき，「任意

Column

相対アーベル数

ヒルベルトの論文に「相対アーベル数体の理論について」(1902 年, Acta Mathematica, 26) があり, ここに相対アーベル数体という言葉が使われている. 数体というのは, 整数論が展開される場所のことであり, 一定の基準のもとでさまざまな数体が形作られる. 数論の対象はもともと有理整数で, ときおり有理数が参入することもあった. そこで有理数の世界は数論を展開する場所の資格を有していると見て, これを有理数体と呼ぶ. 有理数体だけを数体と見るのであれば, 数体という特別の呼称は不要だが, ガウスは数論にガウス整数と呼ばれる複素数を導入し, これでガウス数体という新たな数体が定められた. ガウス数体は有理数体に虚数 $i = \sqrt{-1}$ が投入されて生成される数体であり, i は有理整数を係数にもつ 2 次方程式 $x^2 + 1 = 0$ の根であるから, ガウス数体は有理数体の次数 2 の拡大体である.

数体 k の拡大は k に係数をもつ代数方程式の根を k に添加することにより実現する. その代数方程式がアーベル方程式なら, 生成される拡大体は k のアーベル拡大である. 特に k が有理数体ではないとき, その拡大を相対的と呼んでいる. 相対アーベル数体の構成問題は, 係数域を限定してアーベル方程式を構成する問題と同じである.

の相対アーベル数体は類体である」という, 類体論におけるいわゆる「逆定理」が成立する.

類体論の威力は絶大であった. 実際, この逆定理を踏まえて, まず高木自身の手で「クロネッカーの青春の夢」が解決された. 続いてアルティンの相互法則が出現し, その結果, ガウス以来の懸案であった冪剰余相互法則が完全な形で確立されるにいたったのである.

次節 (第 4 節) で述べるように, 私見によればアーベル方程式の構成問題の真のねらいは相互法則にあるのであるから, たとえこの構成問題自体はなお未解決であるとしても, われわれの目には, 類体論の成立により代数的整数論におけるクロネッカーの構想はすでに実現されたかのように映じることであろ

う．もし視圏を代数的整数論に局限するなら，このような状勢観察は完全に正しいと見るべきであろう．だが，今ここでそうしているように，クロネッカーの数論の解明という全的な立場に立つのであれば，全容の解明のためにはこれだけでは不十分である．われわれはなお一歩を進めて，アーベル方程式の構成問題における解析性の働きをめぐって深刻な省察を積み重ねていかなければならない．なぜなら，数論的世界のただ中にあって決定的な契機として作用する解析性の作用こそ，クロネッカーの世界の本質を規定する，あの香り高いロマンチシズムの泉であるからである．

この最後の論点については次章（第6章）であらためて言及したいと思う．

4 ── 特異モジュールと相互法則

アーベル方程式の構成問題と数論

ひとつの本質的な問いがなお残されている．クロネッカーの言葉によれば，アーベル方程式の構成問題は代数的 = アリトメチカ的，すなわち代数的であるとともにアリトメチカ的であるとも言われていた．この問題が代数的である理由は諒解しやすいが，さらにアリトメチカ的でもあるという言葉に接すれば，だれしも違和感を禁じえないのではあるまいか．

このクロネッカーの不可解な言葉の意味合いを理解するための有力なヒントは，すでにガウスの円周等分論の中に現れている．ガウスは『アリトメチカ研究』の諸言の末尾で円周等分に言及し，

円周等分の理論もしくは正多角形の理論は，なるほど**それ**

自身はアリトメチカに所属するものではない．だが，それにもかかわらず，その**諸原理**はひとえに高等的アリトメチカから汲まなければならないのである」(『ガウス全著作集』，第1巻，8頁)

という不思議な言葉を書き留めている．ここに明記されている「諸原理」という一語の意味は，ガウスをうながしてこの理論の形成へと向かわせるにいたった根本的動因のことと理解するのが至当であり，しかもそれは平方剰余相互法則の中に秘められている．言い換えると，ガウス自身が「ガウスの和」の数値決定（絶対値と符号）を通じて明らかにしたように，円周等分論には平方剰余相互法則の証明の基本原理が見出だされ，まさしくそれゆえに，円周等分論はアリトメチカ的であると言われるのである．

ガウスの円周等分論は「円周等分方程式は巡回方程式である」という基礎的認識から出発する（ただし，巡回方程式の一般概念が表明されたわけではない）．巡回方程式はアーベル方程式のひとつの様式であり，クロネッカーの定理によれば，円周等分方程式は整係数アーベル方程式の構成問題に対して完全な解決を与えるのであった．それゆえ，アーベル方程式の構成問題はアリトメチカ的であるというクロネッカーの言葉は，その本質的な部分においてガウスの言葉に通い，両者はよく共鳴しあうのである．それならば，クロネッカーの言葉の真意もまた相互法則の中に隠されているのではあるまいか．換言すると，**アーベル方程式の構成問題の解決はおのずと冪剰余相互法則の証明原理として機能すると，クロネッカーは考えていたのではあるまいか**．この仮説を**第1基本仮説**と呼びたいと思う．

第1基本仮説を支持する役割を果たすであろう，有力な間接

的証拠が存在する．それはヒルベルトの類体論である．ヒルベルトは特異モジュールに関するクロネッカーの研究の中からヒルベルトの類体の概念を取り出したが，そのねらいは，類体の力により冪剰余相互法則の姿形を完成の域に高めることであった．このヒルベルトの意図はフルトヴェングラーや高木貞治，アルティンの手で当初のもくろみをはるかに越える形で成就され，類体の一般概念の確立を通じて「任意の相対アーベル数体は類体である」という状勢認識――既述のように，この状勢認識はともあれアーベル方程式の構成問題（あるいは，同じことだが，相対アーベル数体の構成問題）に対して一定の解答を与えている――が可能となったとき，そのときはじめて冪剰余相互法則の理論が完成した．

それゆえ，類体論形成史とはとりもなおさず，代数的整数論におけるクロネッカーの構想を形あるものにしようとする大掛かりな試みの軌跡にほかならない．現実に生起した数学史の様相は第1基本仮説に対して高い蓋然性を与えていると考えられるのである．

冪剰余の理論と特異モジュール

ここでアイゼンシュタインを想起したいと思う．アイゼンシュタインはレムニスケート関数の等分理論を応用して4次剰余相互法則の新しい証明を得たが，クロネッカーの念頭には，ガウスの円周等分論とともに，つねにこのアイゼンシュタインの研究があったのではないかと思う．「有理数体上のアーベル方程式は円周等分方程式で汲み尽くされる」というクロネッカーの定理は，平方剰余相互法則に対するガウスの第4，6，7証明の基本原理を与えている（第4章参照）が，それと同様

に，ガウス数体上のアーベル方程式の構成問題に関するクロネッカーの言明（第6章参照）は，アイゼンシュタインによる4次剰余相互法則の証明に対して，その基本原理として機能する．ヒルベルトの類体論はこのような状勢の延長線上に自然な形で立ち現れてくるのである．

クロネッカーの諸論文の中には，この仮説を支える力をもつと思われる唯一の直接的証拠が存在する．それは論文

「ある種の複素数の冪剰余について」（1880年）

に見られるオイラーを語る言葉である．クロネッカーはこう言っている．

> すでに非常に早い時期に，オイラーは，ある定まった判別式 D をもつ2次形式の素因子はある一定の1次式 $mD + \alpha$ に包摂されるという観察を行っていたが，1783年になってはじめて，彼はこの数論にとってきわめて豊饒な観察を注目すべき仕方で定式化した．相互法則という名称はその由来をその定式化の様式に負っているのである．その際，——正当にも——つねに特別に重視されていた相互関係の美しさのあまり，そのときからこのかた，元来のオイラーの観察の意味と目的はかなり背景にしりぞいてしまった．ところが，近ごろ，**特異モジュールのアリトメチカ的理論の複素数の冪剰余への応用**にあたって，私はある特異な新しい現象に直面した．それを見ると即座に，オイラーが2次相互法則の本質的内容を公に語った，あの一番はじめの言い回しが想起されるのである．そうして冪剰余の理論におけるこの現象は，単にこの理論の歴史的出発点との類似性によりそのような回想に誘われるという点におい

> てばかりではなく，この理論の展開の途次，新たな段階へ
> と向かうためのヒントを通じて先行きを展望するという点
> から見ても，特に興味が深いのである．そこで私は本日，
> アカデミーにこの現象に関する手短な報告を行いたいと思
> う．（『プロイセン月報』，1880年，404頁）

「特異モジュールのアリトメチカ的理論」というのは「青春の夢」を指していると見るのが至当だが，この理論の「複素数の冪剰余への応用」に際して，クロネッカーはある特異な新現象に直面したという．それは冪剰余の理論に所属する現象であり，しかも平方剰余相互法則の本質を語るオイラーの言葉に通うところがあるというのである．われわれの推定を裏付けるに足る，真に決定的な発言と言わなければならないであろう．

同じ論文を読み進めると，「新現象」の報告に続いて，

> … そうして冪剰余の理論のいっそう進んだ展開に向けての明確な指示を，クンマーの研究では除外された場合に対しても含んでいるのは，まさにこの状勢なのである．（同上，407頁）

という注目に値する言葉も認められる．冪剰余相互法則に関するクンマーの研究の及ぶ範囲は無制限なのではなく，正則な場合，すなわち相互法則の舞台として設定される円分体に**正則**という一条件が課される場合に限定されていた．そこでこの限界を打破して，「クンマーの研究では除外された場合」，すなわち非正則な場合に対しても相互法則を確立しようとすることが課題となるが，上記のようなクロネッカーの言葉に依拠するとき，クロネッカーによる特異モジュールの研究ははっきりとその方向を指向していたと明言してよいのではあるまいか．

ヒルベルトの類体論により，この方向へと向かう道が実際に踏破されたことも，ここで想起されなければならないであろう．こうして間接的証拠の信憑性はますます高まり，直接的証拠と相俟って，われわれの第1基本仮説の堅固な成立基盤が構成されるのである．

特異モジュールの類似物

代数的整数論におけるクロネッカーの構想は類体論の建設を通じて相当よく実現されたとみられるが，クロネッカーの数論の全容の解明のためにはこれだけでは不十分であり，事の真相は依然として封印されていると言わなければならない．なぜなら，ひとつにはアーベル方程式の構成問題は依然として決定的な解決を見ていないからであり，またひとつには，クロネッカーの数論の世界に内在する解析的契機の意味がまだ明らかにされていないからである．

ところが，もしヒルベルトの第12問題（224頁参照）の解決を期待する立場に立脚するなら，これらの2論点を統一的視点のもとで語ることが可能になり，あらゆる困難は一挙に解消されてしまうであろう．実際，そのとき，アーベル方程式の構成問題はいつでも一系の解析関数を経由して解決されることになり，その結果，円関数や楕円関数やモジュラー関数がクロネッカーの数論的世界で果たす役割は自然に諒解されるようになるからである．すると，クロネッカー自身の念頭にあったものは何かという問いが当然問われなければならないが，クロネッカーの心にはおそらくヒルベルトが第12問題において語った情景がすでに心に描かれていたのではあるまいか．この推測は，第1基本仮説とともに，クロネッカー論の根幹を作る

仮説である．そこで，これを**第 2 基本仮説**と呼ぶことにしたいと思う．

あるやなきやというほどのか細い仮説だが，本稿のクロネッカー論の成否はひとえにこの仮説の実証にかかっている．そのため，たとえ痕跡なりとも，文献上に現れている直接的な証拠を見つけ出すべく努力を重ねなければならなかった．困難な作業だったが，幸いにもただひとつだけ，次に挙げるような小さな，しかし明瞭な根拠が存在する．典拠は「青春の夢」と同じ 1880 年 3 月 15 日付のデデキント宛書簡である．

> 私はいよいよ，これまでに獲得された事柄を解明して，それらを書き留めておく仕事に取り掛からなければなりません．そうしますと，さらに歩を進めて一般の複素数に対しても**特異モジュールの類似物**を見つけるということを要点なりとも片付けておきたいのですが，この望みは少々延期することにしなければなりません．(『プロイセン議事報告』，1895 年，117 頁)

クロネッカーの定理から「青春の夢」を経て，今ここに一般の複素数に対する「特異モジュールの類似物」が語られた．断片的な隻語(せきご)にすぎないとはいえ，この夢のような数語は優にヒルベルトの第 12 問題の原風景とみなしうるのではあるまいか．長い考察の末に，こうしてようやくクロネッカーの数論的世界の基幹線が浮き彫りにされてきたように思う．おおよそこんなふうに言えばよいであろう．すなわち，まず，たとえば今日の類体論のような相対アーベル数体に関するある種の一般理論を建設し，次にその理論を駆使して（詳しく言えば，単項イデアル定理が中心的役割を果たすような仕方で使用して），ヒルベ

ルトの第 12 問題の要請に応える形でアーベル方程式の構成問題を解決し,最後にその成果に基づいて相互法則の理論を完成することというふうに.

　数論史はおおむねこの基幹線に沿って展開したが,ヒルベルトの第 12 問題は依然として神秘のベールに覆われている.この基幹線の存在の立証の試みの中に,クロネッカーの数論の解明の基本構想がおのずと開かれていくことであろう.

第6章 アーベル方程式の構成問題への道

1——円周の等分に関するガウスの理論

円周等分方程式の巡回性の認識

　代数方程式に関する一般理論に足場を定めて観察すれば即座に見て取れるように，ガウスの円周等分方程式論には代数方程式論の根底を作ると目されるひとつの基礎的認識と二つの基本問題がくっきりと現れている．ガウスの著作『アリトメチカ研究』の第7章「円の分割を定める方程式」から，真に注目に値する二つの言葉を取り出して耳を傾けよう．ひとつの言葉は次のとおりである．

> 《ガウスの言葉 (1)》
> よく知られているように，4次を越える方程式の一般的解法，言い換えると，混合方程式（註．一般的な形の代数方程式のこと）の純粋方程式（註．2項方程式，すなわち $x^n = a$（a は定数）という形の方程式のこと）への還元を見出だそうとする卓越した幾何学者たちのあらゆる努力は，これまでのところつねに不首尾に終わっていた．そうしてこの問題は，今日の解析学の力を越えているというよりは，むしろある不可能な事柄を提示しているのである．これはほとんど疑いをさしはさむ余地のない事柄である（註．ガウスの学位論文「1個の変化量のあらゆる整有理的代数関数は1次もしくは2次の実素因子に分解されるという定理の新しい証明」の第9条において，次数が4を越える一般の代数方程式を代数的に解くことはできないことが主張されている）．それにもかかわらず，このような純粋方程式への還元を許容する，各々の次数の混合方程式が無数に存在することもまた確かである．そこでわれわ

れは，もしわれわれの補助方程式（註．ガウスは円周等分方程式の解法を一系の補助方程式の解法に帰着させたが，なお一歩をすすめて，それらの補助方程式は代数的に可解であることをも示した）はつねにそのような方程式の仲間に数えるべきであることが示されたとするなら，それはさだめし幾何学者諸氏のお気に召すであろうことを希望したいと思う．（『アリトメチカ研究』，645 頁）

まずガウスはこの言葉の前半において 5 次以上の代数方程式の代数的解法に言及し，一般には不可能であろうと確信をもって語っている．この推定に明晰に表明された事実認識こそ，ガウスに始まる代数方程式論，すなわちタルタリア，シピオーネ・デル・フェッロ，フェラリなど 16 世紀イタリアの代数学派からラグランジュへとつながっていくガウス以前の代数方程式論に比して，真に新しい代数方程式論の基盤である．

円周等分方程式の代数的可解性の確立（ガウス），平方根のみを用いて根を表示することのできる円周等分方程式の研究（ガウス），アーベル方程式の概念の発見（アーベル），楕円関数の周期等分方程式の代数的可解性の探究（アーベル，クロネッカー），ヤコビの意味でのモジュラー方程式は一般に代数的に可解ではないという予想の提示（アーベル）とその証明（ガロア），素次数をもつ代数方程式の代数的可解条件の提示（ガロア）等々，代数方程式の代数的解法にまつわる種々相は多様である．だが，このような究明の可能性がわれわれの眼前に理論的に開示されるためには，多彩な建築群を支えるに足る揺るぎない土台が前もって据えられていなければならないであろう．まさしくそれゆえに，アーベルもガロアも，ガウスの推定を確固とした数学的事実として確立することを，彼らのそれ

それの代数方程式論の第 1 目標に設定したのである．

　高次の代数方程式の代数的解法はなるほど一般的には不可能であるとしても，たとえどれほど高い次数であっても，代数的解法を許容する方程式が実際に存在することもまた確かである．ガウスの言葉の後半ではそのような言明が行われ，それに続いて，円周等分方程式

$$X = \frac{x^n - 1}{x - 1} = x^{n-1} + x^{n-2} + \cdots + 1 = 0 \quad (n \text{ は奇素数})$$

の代数的解法を確立しようとする見通しが表明されている．するとここには，たとえいかにもか細い示唆にすぎないとはいえ，代数方程式の基本問題のひとつが提示されていると考えられるのではあるまいか．それは，

　（ガウスの第 1 基本問題）
　　代数方程式の代数的可解性を支えるもっとも基本的な契機を指摘せよ．

という問題である．今日のガロア理論に沿って考えるなら，論理的な視点から見る限り，この問題は「代数方程式のガロア群はどのような状勢のもとで可解群になるだろうか」というふうに設定することも可能である．ただし，方程式のガロア群が可解群であるかどうかを知ることと，可解群になるという現象を支える基本状勢を指摘することとを混同してはならない．後者のほうがより深い場所にある問題であり，第 1 基本問題の眼目はそこにある．

　ガウスはすでに『アリトメチカ研究』の第 7 章の全体を通じて，この問題に対する解答の所在を具体的に明示した．代数方程式が代数的に可解であったりなかったりする現象の根底に

あって，この現象の全体を制御するものは何か．ガウスのメッセージに寄せてアーベルが洞察したところによれば，それは「諸根の相互関係」である．ある代数方程式が提示されたとき，もしその諸根の間に何かしら特定の相互関係の成立が認められたなら，そのとき，提示された方程式の代数的可解性が具現する．円周等分方程式の場合，ガウスはまず，円周等分方程式は**巡回方程式**であることを示し（そのために素数の原始根が用いられる），続いて，その事実から取り出される一系の補助方程式の，2項方程式への還元を遂行した．

ここで，代数方程式 $f(x) = 0$ の根は，あるひとつの根 α と有理関数 $\varphi(x)$ を用いて，

$$\alpha, \quad \varphi(\alpha), \quad \varphi^2(\alpha), \quad \cdots$$

という形に表されるとする．このとき，提示された方程式 $f(x) = 0$ は巡回方程式と呼ばれる．

アーベル方程式の発見

円周等分方程式の代数的可解性はこれで確定するが，アーベルは論文

「ある種の代数的可解方程式の族について」（1829 年）

において，ガウスの足取りの延長線上にアーベル方程式の一般概念を発見し，ガウスの手法にならってアーベル方程式の代数的可解性を明らかにした．

ここで，代数方程式 $f(x) = 0$ の根は，あるひとつの根 α と有理関数 $\varphi_1(x), \varphi_2(x), \cdots$ を用いて

$$\varphi_1(\alpha), \quad \varphi_2(\alpha), \quad \cdots$$

と表されるとし,しかもこれらの根の間に

$$\varphi_i(\varphi_j(\alpha)) = \varphi_j(\varphi_i(\alpha)) \ \ (i \neq j)$$

という可換性が認められるとする.このとき,提示された方程式 $f(x) = 0$ はアーベル方程式と呼ばれる.

アーベルは楕円関数の等分方程式の代数的可解条件の探究を通じて,アーベル方程式の一般概念に到達した.その際,アーベルにおける楕円関数の等分理論には,ガウスの示唆

> この理論(註.円周等分方程式論)の諸原理は円関数のみならず,他の超越関数,たとえば積分 $\int \dfrac{dx}{\sqrt{1-x^4}}$ に依拠する超越関数…に対しても適用することができる…
> (『アリトメチカ研究』,593 頁)

が生きて働いていることも合わせて明記しなければならない.

アーベルとともに,ガロアもまたガロアに固有の仕方で第1基本問題への寄与を行った.実際,近代数学史上に名高いガロアの論文

> 「方程式の冪根による可解条件について」(1846 年.まえがきの末尾に 1831 年 1 月 16 日という日付が附されている)

において,ガロアはガロア対応の原理を基軸とする今日のいわゆるガロア理論の応用として,素次数既約代数方程式の代数的可解条件を導いている.それは,

> 素次数既約方程式が冪根を用いて解けるためには,諸根のうちの任意の二つが判明したとき,他の根がそれらの 2 根から有理的に導出されることが必要かつ十分である.(同上,432 頁)

という定理である．ここに表明されている「すべての根が 2 根の有理関数として表示される」という形の「根の相互関係」は，それ自体としてはガロアによる発見というわけではない．なぜなら，ガロアに先立ってアーベルはすでに，論文

　　楕円関数論概説　（1829 年）

の中で，楕円関数の周期等分方程式の諸根の間にこのような様式の相互関係を観察しているからである．実際，アーベルは，

　　モジュラー方程式は，そのすべての根がそれらのうちの 2 根を用いて有理的に書き表される．（同上，244 頁．「モジュラー方程式」とあるのは「周期等分方程式」の誤記）

と言っている．周期等分方程式の次数は素数ではないが，アーベルの目に映じたこのような根の相互関係は，そのまま素次数既約方程式の代数的可解条件を与えている．この洞察がガロアの発見の実質的内容を形成するのである．

　ガロアはアーベルの指摘を知っていたと思われる．なぜなら，ガロアは決闘による死の前夜に書いた友人オーギュスト・シュヴァリエ宛の書簡（1832 年 5 月 29 日付）の中で「アーベルの最後の論文」に言及したが，文脈を見ると，そのアーベルの論文は「楕円関数論概説」を指すと判断されるからである．

　他方，アーベルはすでにガロアの定理（素次数既約方程式が冪根を用いて解けるための条件は，すべての根が 2 根により有理的に書き表されることである，という定理．244 頁参照）それ自体を独自に知っていたと考えられる．実際，1828 年 10 月 18 日付のクレルレ宛書簡には方程式に関する三つの定理（定理 A，定理 B，定理 C）が挙げられているが，定理 B と定理 C はそれぞれ次のとおりである．

B. 任意の素次数既約方程式について，もしその三つの根は，「それらのひとつは他の2根により有理的に書き表される」という仕方で相互に結ばれているとするなら，その方程式はつねに冪根を用いて解くことができる．

C. 素次数既約方程式について，もしその2根は，「それらの2根の一方は他方の根により有理的に書き表される」という相互関係をもつとするなら，この方程式はつねに冪根を用いて解くことができる．(『クレルレの数学誌』，第5巻，1830年，343頁)

定理Bはガロアの定理に限りなく近接している．

「不可能の証明」に向かう

ガウスの言葉に立ち返り，そこから代数方程式論の第2の基本問題を抽出して提示したいと思う．本章で引用したいガウスの二つの言葉のうち，第2の言葉は次のとおりである．

《ガウスの言葉 (2)》
そうしてわれわれは，これらの高次方程式はどのようにしても回避できないこと，また，より低次の方程式に帰着させるのも不可能であることを完全に厳密に証明することができる．この著作に課されている大きさの限界のために，ここではこの証明を報告するゆとりはない．だが，それにもかかわらず，われわれの理論が示している [円の] 分割以外になお別の分割，たとえば $7, 11, 13, 19, \cdots$ 個の部分への分割を幾何学的構成に帰着させようという望みを抱いて，いたずらに時間を浪費したりする人のないようにするために，われわれはこの事実を指摘して警告を発しておか

なければならないと思ったのである．(『アリトメチカ研究』，663-664 頁)

円周の等分点を順に線分で結んでいけば正多角形が描かれることに留意すると，円周の等分は幾何学的な視点から観察すると正多角形の作図と同等である．それゆえ，ガウスの言葉の背景に広がっているのは，正多角形の幾何学的作図問題，すなわち定規とコンパスのみの使用を許して正多角形を描こうとする問題であり，これを代数方程式論の言葉に移せば，平方根のみを用いて解くことのできるすべての円周等分方程式を決定するという問題になる．

ガウスの言葉の冒頭で語られている「これらの高次方程式」というのは，円周等分方程式を代数的に解こうとする歩みの途次，必然的に導かれていく一系の補助方程式を指している．『アリトメチカ研究』，第 7 章においてガウスが確立した事柄によれば，もし考察の対象として取り上げられた円周等分方程式の等分次数（等分次数が n の場合，円周等分方程式の次数は $n-1$ である）がフェルマ数，すなわち $2^{2^m}+1$ ($m = 0, 1, 2, \cdots$) という形の素数に等しいなら，その円周等分方程式の解法は平方根のみを用いて遂行されることになる．そこで浮上するのは，逆向きの状況も合せて確立することである．このような試みに首尾よく成功したなら，そのときユークリッドの『原論』以後 2000 年の歴史をもつ正多角形の作図問題は最終的に解決され，平方根のみを用いて解ける円周等分方程式はガウスが発見した型の方程式により全体として組みつくされてしまうと言えることになるであろう．

ガウスは上に引いた言葉の中で，この問題はすでに解決されたと明言した．真に味わいの深い言葉と言わなければならない

が，同時に，ここでは代数方程式論の第2の基本問題が現れている．それは，

(ガウスの第2基本問題)
代数方程式の代数的可解性を否定する力のある理論装置を構築せよ．

という問題である．ガウスの第1基本問題と合わせてこの第2基本問題が何らかの形で解決されたなら，そのとき新しい代数方程式論は堅固な足場を得て，ひとまず骨組みができあがったと言えるのである．

ガウスの宣言は，ガウス自身，すでにこのような理論的枠組を手中にしていた様子をうかがわせるが，ガロアが提案した「ガロア理論」もまた第2基本問題の要請にみごとに応え，しかもその実りは豊穣である．ガロア自身の手で摘まれたものだけでも，

(1) 4次をこえる次数をもつ代数方程式は一般に代数的に可解ではないという事実の確立（代数方程式論の根底を作るガウスの基礎的認識の確定．アーベルが最初に証明した定理だが，ガロアは独自の方法でこれを証明した）．
(2) 楕円関数のモジュラー方程式は一般に代数的に可解ではないというアーベルの予想の証明．

という，二つのめざましい成果が認められ，60頁ほどの小冊子にすぎないガロアの論文集を手にするわれわれの目に，今もなおあざやかに映じている．

Column

楕円関数の変換とモジュラー方程式

ヤコビの著作『楕円関数論の新しい基礎』(1829 年) の記述に沿ってモジュラー方程式を紹介する. 微分式

$$\frac{dy}{\sqrt{(1-y^2)(1-\lambda^2 y^2)}}$$

が提示されたとき, U と V は x の多項式として, 有理関数 $y = \dfrac{U}{V}$ を適切に定めて変数を変換して, 同型の微分式

$$\frac{dx}{M\sqrt{(1-x^2)(1-k^2 x^2)}}$$

に移すことを問題にするのが, 楕円関数の変換理論のテーマである. M は定数. λ と k はそれぞれの微分式のモジュールである. ヤコビは二つの具体例を書き留めた.

ひとつの例は次数 3 の変換である. U, V としてそれぞれ次数 3, 2 の多項式を選び,

$$y = \frac{(v+2u^3)vx + u^6 x^3}{v^2 + v^3 u^2(v+2u^3)x^2}$$

と置くと, 等式

$$\frac{dy}{\sqrt{(1-y^2)(1-v^8 y^2)}} = \frac{v+2u^3}{v} \frac{dx}{\sqrt{(1-x^2)(1-u^8 x^2)}}$$

が成立する. モジュールは $\lambda = v^4, k = u^4$. これらのモジュールは無関係ではありえない. $u = \sqrt[4]{k}, v = \sqrt[4]{\lambda}$ と置くと, u, v は代数方程式

$$u^4 - v^4 + 2uv(1 - u^2 v^2) = 0$$

により連繋する. これが 3 次変換に伴うモジュラー方程式である.

ヤコビが挙げている 5 次の変換の例は次のとおり. 分母が 4 次多項式, 分子が 6 次多項式の有理関数

$$y = \frac{v(v-u^5)x + u^3(u^2+v^2)(v-u^5)x^3 + u^{10}(1-uv^3)x^5}{v^2(1-uv^3) + uv^2(u^2+v^2)(v-u^5)x^2 + u^6 v^3(v-u^5)x^4}$$

により, 等式

$$\frac{dy}{\sqrt{(1-y^2)(1-v^8 y^2)}} = \frac{v-u^5}{v(1-uv^3)} \frac{dx}{\sqrt{(1-x^2)(1-u^8 x^2)}}$$

が成立する. 附随するモジュラー方程式は

$$u^6 - v^6 + 5u^2 v^2(u^2 - v^2) + 4uv(1 - u^4 v^4) = 0$$

である．

　ガロアの著作集がまとまった形で公表されたのは 1846 年のことで，この年に刊行された『リューヴィルの数学誌』，第 11 巻に 381 頁から 444 頁まで，64 頁にわたって掲載された．冒頭の 4 頁はリューヴィルが寄せた序文であるから，ガロアの諸著作にあてられた本文はきっかり 60 頁である．

　モジュラー方程式について，ガロアは「方程式の冪根による可解条件について」において，

> ［方程式のさまざまな応用の］一部分は楕円関数論のモジュラー方程式と関連がある．われわれはモジュラー方程式を冪根を用いて解くのは不可能であることを証明するであろう．（『リューヴィユの数学誌』，第 11 巻，1846 年，417 頁）

と言っている．また，1832 年 5 月 29 日付のシュヴァリエ宛書簡中に，

> 方程式論の最後の応用は［楕円関数の］モジュラー方程式に関連している．（同上，410 頁）

とあり，続いてモジュラー方程式のガロア群がスケッチされている．

　ガウスの第 2 の言葉に見られる「不可能の証明」を与えるのも容易である．また，ガウス以前の代数方程式論では 3 次と 4 次の方程式に対して根の代数的表示式のさまざまな導出法が知られていたが，それらの理論的背景を明らかにするという著し

い効果に加えて，冪根による解法は既知のもののほかには存在しえないことを明言することが可能になる．ガロア理論は否定的言辞，すなわち「…は代数的に可解ではない」，「…はこれ以外には存在しない」というタイプの言明を行う場面において真価を発揮するのである．

アーベルの「不可能の証明」

ガロア理論にガロアの理念が宿っているように，アーベルの代数方程式論にはアーベルの基本理念が生き生きと反映し，しかもこれらの二つの理念は根本的に異質である．アーベル自身はアーベルに固有の代数方程式論を十分に展開するゆとりもないままに世を去ってしまったが，その片鱗は，遺されたわずかな手掛かりの中に明るくきらめいている．そこでいくつかの断片的な記述を素材としてアーベルの理論の全容を再現し，ガウスの第 2 基本問題へと向かうアーベルの探究の様子を観察したいと思う．

代数方程式論に寄せるアーベルの関心の芽生えは相当に早い時期に認められ，10 代の終りのころにはすでに 5 次方程式の代数的解法の探求が試みられている．解法に成功したと確信した一時期もあったが，不可能であることを指摘するガウスの言葉に接して誤りに気づき，「不可能の証明」をめざすようになった．ほどなくしてこれに成功し，1824 年には論文

> 「代数方程式に関する論文．5 次の一般方程式の解法は不可能であることがここで証明される」

が完成した．アーベルはこの論文を自費で出版し，ガウスのもとに送付して批評を求めたが，結果は思わしくなく，表題に見

られる「解法」の一語に附すべき形容句「代数的」を書き落としたために黙殺されたという，近代数学史に名高いエピソードを残したのみであった．

だが，ガウスの黙殺は「不可能の証明」の正当性に寄せるアーベルの確信に動揺をもたらしたわけではない．実際，1825年の暮，パリ留学の途次，ベルリンに滞在中のアーベルの手には論文

　　「4次を越える一般方程式の代数的解法は不可能であることの証明」

があった．今度は，不可能なのは「代数的な」解法であることが表題中に明記されているが，内容を見ても，この論文は前の論文の叙述の密度を高めて再現したものにほかならず，証明の構想や技巧という実質的な諸点において，二つの論文は寸分も違わない．「不可能の証明」は1824年に書かれた小さな論文の出現とともに為し遂げられたと見るのが至当である．

1825年の論文は1826年，創刊されたばかりの『クレルレの数学誌』の第1巻に掲載されたが，その際，クレルレの手でドイツ文への訳出が行われた．原論文はフランス語で書かれている．ところが，そのドイツ語の論文の表題は

　　「4次よりも高い次数をもつ代数方程式を一般的に解くのは不可能であることの証明」

というものであり，原論文の表題と比べて，二つの形容句「代数的」と「一般的」の位置が入れ替っている．すなわち，不可能なのは，原論文では「一般方程式の代数的解法」であるのに対し，ドイツ語に訳された論文では「代数方程式の一般的解

法」になっているのである．原論文の表題にいう「一般方程式」は「一般の代数方程式」を含意する．ドイツ語訳論文の表題にいう「一般的解法」はこのままでは不適切で，「代数的」の一語を補って「一般的な代数的解法」としなければならない．アーベルの新旧の全集にはフランス語で書かれた原論文が収録された．

1825年の論文の構成は次のとおりである．

第1章　代数関数の一般形について
第2章　ある与えられた方程式を満たす代数関数の諸性質
第3章　いくつかの量の関数が，そこに包含されている諸量を相互に入れ換えるときに獲得しうる相異なる値の個数について
第4章　5次方程式の一般的解法は不可能であることの証明

第4章の章題はドイツ語訳論文の表題と同じである．本当は論文の表題のとおり「5次の一般方程式の代数的解法は不可能であることの証明」とするほうがよいが，アーベルは代数的解法の可能性が問われていることを当然視して略記したのである．

アーベルの表記法にならって，$x', x'', x''', \cdots$ は有限個の任意の量を表すものとし，v はこれらの量の代数関数，すなわち，提示された諸量に対して加減乗除の四則演算と，冪根を取る演算を組み合わせて作用させることにより作られる量としよう．後に引用される論文では，アーベルは**代数的表示式**という言葉を用いている．

アーベルはまず，v が許容しうる最も一般的な形状の決定を試みて，

第6章　アーベル方程式の構成問題への道

$$v = q_0 + p^{\frac{1}{n}} + q_2 p^{\frac{2}{n}} + q_3 p^{\frac{3}{n}} + \cdots + q_{n-1} p^{\frac{n-1}{n}}$$

という表示に到達した（第1章）．

量 $x', x'', x''', \cdots$ の代数関数を組み立てるには，まずこれらの量の有理関数の素次数の冪根をいくつか作り，与えられた量 $x', x'', x''', \cdots$ とそれらの冪根の有理関数を作る．これが位数（ordre）1の代数関数であり，ここに見られる冪根の個数をその代数関数の次数（degré）と呼ぶ．次に，位数1の代数関数の素次数の冪根をいくつか作り，量 $x', x'', x''', \cdots$ と位数1の冪根と新たに作られた冪根を用いて有理関数を組み立てると，位数2の代数関数ができる．その代数関数の次数というのは，新たに作られた位数1の代数関数の冪根の個数を指す言葉である．この手順を順次続けていくと，位数 μ，次数 m の代数関数という概念が確定する．冪根を作る段階を新たにひとつ踏むごとに，位数はひとつずつ増えていく．この段階を踏む際に新たに用いられる冪根の総数が次数である．それゆえ，位数 μ，次数 0 の代数関数といえば，新たな冪根が増えないのであるから，位数 $\mu - 1$ の代数関数と同じ関数にほかならない．また，位数 0 の代数関数というのは，冪根を作る操作を施さないのであるから，有理関数そのものである．

アーベルが与えた代数関数 v の上記の表示式において，n は素数である．v の位数を μ，次数を m とする．$q_0, q_2, \cdots, q_{n-1}$ は次数 $m-1$，位数 μ の代数関数．p は位数 $\mu - 1$ の代数関数である．また，$p^{\frac{1}{n}}$ を $q_0, q_2, \cdots, q_{n-1}$ を用いて有理的に書き表すことはできない．

アーベルはこのような形の代数関数の表示式を梃子にして，「不可能の証明」を遂行した．代数方程式が代数的に可解

であるとするなら，その方程式の根は係数の代数関数として表示されるはずである．ところがアーベルは代数関数というものの具体的な形を書き下したのである．そこにはいくつもの冪根が現れるが，それらはどれもみな，提示された方程式の根の有理関数の形に表示される．「代数的解法の原則」と言われることのある事実だが，アーベルはこれを第2章において確認した．

根の有理関数において，根に対して置換を施すと，その有理関数はいくつかの異なる値を取りうるが，それらの個数を m とすると，異なる m 個の値を根にもつ m 次方程式が見出される．その方程式の係数は，提示された方程式の係数の対称関数である．しかも m 個の値のうちのいくつかを根にもつ同型の，すなわち提示された方程式の係数の対称関数を係数とする低次方程式を見つけることはできない．アーベルはこれらの事実を置換に関するコーシーの定理に依拠して証明した（第3章）．

これらの成果の上に「不可能の証明」が成立する．アーベルの証明に数体の拡大のアイデアや置換群論の影響が認められるところに着目すると，さながらガロア理論の雛形のように目に映じるが，代数方程式論におけるアーベルの理念は代数関数の一般表示式の探索の中にもっともよく顕れている．これを継承したのがクロネッカーである．

2 ── アーベル方程式の構成問題

二つの代数的可解条件

クロネッカーの代数方程式論は1853年の論文「代数的に解ける方程式について（I）」とともに端緒が開かれていくが，こ

の論文は同時に,クロネッカーの構想の全契機がそこに萌しているという点において特筆に値する.書き出しの数語からしてすでに異様な雰囲気が醸されている.クロネッカーはこんなふうにアーベルとガロアを語るのである.

> 素次数方程式の可解性に関するこれまでの研究——特にアーベルとガロアの研究.それらはこの領域において引き続き行われたすべての研究の土台となるものである——は本質的に,ある与えられた方程式が[代数的に]解けるか否かの判定を可能にする2通りの基準を明らかにした.(『プロイセン報告』,1853年,365頁)

考察の対象として設定されているのは素次数をもつ代数方程式であり,ここには明記されていないが,つねに既約な方程式が考えられている.クロネッカーによれば,そのような方程式の代数的可解性を判定するための2通りの基準が,アーベルとガロアの手によって「本質的に」明るみにだされたという.クロネッカーのいう判定基準のひとつはガロアの定理にほかならないが,もうひとつの判定基準は何を指しているのであろうか.

クロネッカーはガロアのほかにアーベルの名を挙げている.アーベルは代数的可解性の判定基準そのものを公表したことはないが,代数方程式論におけるアーベルの考察は「不可能の証明」以降も継続した.実際,シローとリーが編纂したアーベルの全集(新版)には遺稿

> 「方程式の代数的解法について」(執筆時期は1828年後半と推定される)

が収録されているが,アーベルはここで「方程式の代数的解法の理論の全容を包摂する」(同上,186頁)二つの問題を探究

した．ひとつは

> あらゆる次数の代数的可解方程式をすべて見つけること

という問題であり，もうひとつは

> ある方程式が与えられたとき，代数的に可解であるか否かを判定すること

という問題である．アーベルは方程式の代数的可解条件の探索を続けていたのである．これらの遺稿を参照すると，アーベルの思索は，

> （アーベルの第1問題）代数的表示式のもっとも一般的な形を見つけること

と，

> （アーベルの第2問題）ある代数関数が満たしうるあらゆる方程式を見つけること

という，2本の柱で構成されていることが判明する．これらが確立されたなら，代数的可解条件はたちどころに手に入る．なぜなら，ある方程式が代数的可解なら，その根は係数の代数関数の形に表示されることになるが，代数関数が満たしうるすべての方程式の一覧表を参照することにより，提示された方程式の代数的可解性はおのずと明るみに出されてしまうからである．

アーベルが1828年11月25日付でルジャンドルに宛てて書いた長文の手紙（『クレルレの数学誌』，第6巻，1830年，73–80頁）は大部分が楕円関数論にあてられているが，末尾のあたりでわずかに代数方程式論への言及が見られ，

> 私は幸いにも，提示された任意の方程式が冪根を使って解けるのか否かを認識することを可能にしてくれる確実な規則を見つけることができました．私の理論から派生するひとつの命題は，一般に 4 次を越える方程式を解くのは不可能であるということです．（同上，80 頁）

と報告された．公表にはいたらなかったが，アーベルは代数的可解条件の発見に成功し，「不可能の証明」はそこから派生する一命題として認識されるのである．クロネッカーはこれらのアーベルの思索の総体を継承した．

まずクロネッカーは「代数的可解方程式の根の形状を決定する」という，アーベルが提示した問題をいくぶん精密化して，

> いくつかの量 $A, B, C, \cdots$ の**有理**関数を係数とする，ある与えられた次数をもつ方程式を満たすような，これらの量のもっとも一般的な代数関数を見つけること（『プロイセン報告』，1853 年，366 頁）

というふうに問題を設定した．ここでは求める方程式の係数域が明確に表明されている．そのうえで，方程式の既約性に関して，

> ここで，方程式の既約性を前提としたことに注意しなければならない．すなわち，その方程式は，（$A, B, C, \cdots$ に何らかの特別の値を代入するのではない限り）やはり $A, B, C, \cdots$ の有理関数を係数とするいくつかの低次因子に分解されることはありえない．（同上，366–367 頁）

という注意事項が明記され，上記の問題の言い換えが行われる．

ある与えられた数 n に対して，次のような $A, B, C, \cdots$ の
もっとも一般的な代数関数を見つけること．すなわち，そ
こに包含されている冪根記号の変更を通じて生じるさまざ
まな表示式のうち，n 個の表示式は，それらの対称関数が
すべて量 $A, B, C, \cdots$ の有理関数になるという性質を備え
ている．（同上，367 頁）

続いて，この問題に対するアーベルの二つの解答が紹介される．

方程式の与えられた次数，あるいは，第 2 の言い回しに即
するなら，値の個数が素数の場合に対して，アーベルは引
用された論文（註．遺稿「方程式の代数的解法について」
の中で，この研究を本質的に非常に遠い地点まで押し進め
て，求める代数関数がもたなければならない 2 通りの形状
を報告した．

$$(\mathrm{I}) \quad p_0 + s^{\frac{1}{\mu}} + f_2(s) \cdot s^{\frac{2}{\mu}} + \cdots + f_{\mu-1}(s) \cdot s^{\frac{\mu-1}{\mu}}$$

ここで，素数 μ は方程式の次数，p_0 は $A, B, C, \cdots$ の有
理関数，s は $A, B, C, \cdots$ の代数関数，そうして $f_k(s)$ は
s および $A, B, C, \cdots$ の有理関数を表すものとする．

第 2 の形状はアーベルの全集，第 2 巻，190 頁（註．ここ
で語られたアーベルの全集はホルンボエが編纂した最初の
全集を指す）に見出だされる．それは，

$$(\mathrm{II}) \quad p_0 + R_1^{\frac{1}{\mu}} + R_2^{\frac{1}{\mu}} + \cdots + R_{\mu-1}^{\frac{1}{\mu}}$$

というものである．ここで，p_0 は $A, B, C, \cdots$ の有理関
数であり，$R_1, R_2, \cdots$ は，$A, B, C, \cdots$ の有理関数を係数

とするある $\mu-1$ 次方程式の根を表している．(同上，367頁)

これらの二つの表示式について，クロネッカーは，「私の見るところではなお二，三の補足が望まれるように思われる」(同上，367頁) と語っている．そのわけは，「これらの形状はなおあまりにも一般的すぎる．すなわち，それらは問題を満たさないような代数関数をも包含している」(同上，367頁) からである．このような認識のもとに，クロネッカーはさらに独自の歩みを運んでいく．

すでにアーベル自身が書き留めていたように，表示式 (II) における $\mu-1$ 個の量 $R_1, R_2, \cdots, R_{\mu-1}$ は互いに独立ではなく，ある $\mu-1$ 次の代数方程式の根になっている．ところがクロネッカーはなお一歩を進めて，その方程式は「アーベル方程式」であるという，際立った事実を発見した．

> そこで私はそれらの2通りの形状を詳細に調べ，まずはじめに，形状 (II) に含まれている代数関数のうち，問題を満たすものは次の性質をもたなければならないことを発見した．すなわち，(アーベルが気づいたように) 量 $R_1, R_2, \cdots$ の対称関数ばかりではなく，——それらをある一定の順序に並べるとき——それらの巡回関数もまた，$A, B, C, \cdots$ の有理関数でなければならないのである．すなわち，量 $R_1, R_2, \cdots$ を根とする $\mu-1$ 次方程式はアーベル方程式である．(同上，368頁)

ここで注意しなければならないのは，クロネッカーのいう**アーベル方程式**の意味するものは，実際には巡回方程式であるという事実である．

アーベル=クロネッカーの定理
——代数的可解条件の真実の泉

　次に引くのはアーベル方程式の概念規定を語るクロネッカーの言葉である．この時点では，クロネッカーは今日の語法でいう「巡回方程式」を指して，アーベル方程式と呼んでいる．

> 私はここで，「アーベル方程式」とはつねに，アーベルが全集，第1巻，論文 XI（註．1829 年の論文「ある特別の種類の代数的可解方程式の族について」を指す．論文番号 XI はアーベルの最初の全集で割り当てられたもの）で取り扱った特別のクラスの可解方程式のことと考えている．それは，（その方程式の係数は $A, B, C, \cdots$ の有理関数とし，その根をある一定の順序に配列して $x_1, x_2, \cdots, x_n$ とするとき）「根の巡回関数は $A, B, C, \cdots$ の有理関数である」，言い換えると「方程式 $x_2 = \theta(x_1), x_3 = \theta(x_2), \cdots, x_n = \theta(x_{n-1}), x_1 = \theta(x_n)$ が成立する．ここで，$\theta(x)$ は $A, B, C, \cdots$ の有理関数を係数とする x の整有理関数を表す」ということにより規定されるものである．（同上，368 頁）

　クロネッカーの究明は量 $R_1, R_2, \cdots, R_{\mu-1}$ の形状のより精密な決定へと進み，その結果，素次数代数的可解方程式の根がもつべき過不足のない形状が獲得される．それは，「問題を満たす表示式が**もたなければならない**形状であるばかりではなく，問題を満たす表示式**だけ**を包含する形状」である．次に引くのはこの間の消息を語るクロネッカーの言葉である．

> ところが，上記の式 (I) と (II) のさらに踏み込んだ研究

により，形状 (II) が問題を満たすようにする諸量 R の，次のようないっそう精密な決定が生じる．すなわち，

(III) $\quad R_\kappa = F(r_\kappa)^\mu \cdot r_\kappa^{\gamma-1} \cdot r_{\kappa+1}^{\gamma-2} \cdot r_{\kappa+2}^{\gamma-3} \cdots r_{\kappa+\mu-2}$

というふうでなければならない．ここで，$r_\kappa, r_{\kappa+1}, \cdots$ はある $\mu-1$ 次アーベル方程式の $\mu-1$ 個の根である．すなわち，諸量 r（それらの配列は指数の順に沿って行う）の対称関数ならびに巡回関数は $A, B, C, \cdots$ の有理関数である．さらに，$F(r)$ は諸量 r と $A, B, C, \cdots$ の有理関数を表す．最後に，g は μ の原始根として，γ_m は法 μ に関する g^m の最小正剰余を表している．このような R_κ の表示式を (II) に代入して得られる形状は，「問題を満たす表示式がもたなければならない形状であるばかりではなく，（これが主要な点なのだが）問題を満たす表示式**だけ**を包含する形状」でもある．すなわち，そのようにして生じる形状は，$A, B, C, \cdots$ との有理関数を係数とするある μ 次方程式を，その根として恒等的に満たし，他の根は

(II) における μ 次の冪根記号の変更を通じて得られる．詳しく言うと，m 番目の根 z_m は次に挙げる方程式

(IV) $\quad z_m = p_0 + \omega^m \cdot R_1^{\frac{1}{\mu}} + \omega^{gm} \cdot R_2^{\frac{1}{\mu}} + \omega^{g^2 m} \cdot R_3^{\frac{1}{\mu}} + \cdots$
$\qquad\quad + \omega^{g^{\mu-2} \cdot m} \cdot R_{\mu-1}^{\frac{1}{\mu}}$

で定められる，というふうにして得られるのである．ここで，諸量 R は (III) の表示式のことと諒解しなければならず，ω は 1 の虚の μ 乗根を表すものとする．（同上，368-369 頁）

表示式(IV)を観察すると,そこからただちに,素次数既約可解方程式の構造を教えるひとつの定理が取り出される.

> これよりまず第一に明らかになるのは,諸量 z の対称関数が $A, B, C, \cdots$ の有理関数であるのに対して,(指数の順に沿って配列するとき)これらの量の巡回関数は $A, B, C, \cdots$ および $r_1, r_2, \cdots$ の有理関数であるということである.ところが,これらの量 r はそれら自身,あるアーベル方程式の根である.したがって,$r_2, r_3, \cdots$ は r_1 と $A, B, C, \cdots$ との有理関数である.それゆえ,上記の状勢はまさしく「素次数可解方程式はどれも,もしそれ自身があるアーベル方程式の根であるような量 r_1 を既知と仮定するならば,アーベル方程式である」ということ,言い換えると,「可解方程式の μ 個の根はつねに
>
> $$z_2 = f(z_1, r_1), \quad z_3 = f(z_2, r_1), \quad \cdots, \quad z_1 = f(z_\mu, r_1)$$
>
> というふうに相互に結ばれている.ここで,$f(z, r_1)$ は z, r_1 と $A, B, C, \cdots$ との有理関数を表し,r_1 は,$A, B, C, \cdots$ の有理関数を係数とするあるアーベル方程式の根である」ということを意味しているのである(同上,369頁.ここに現れる r_1 は式(III)における r_1 とは異なっている.ここで言われているような r_1 は,式(III)における r_1 と 1 の原始 μ 乗根とを適宜組み合わせて構成される).

これが**アーベル=クロネッカーの定理**であり,素次数既約可解方程式の諸根の間に認められる究極の相互関係を与えている.ガロア理論の立場から見れば,巡回方程式は可解方程式のかん

たんな一例にすぎないが，他方，アーベルの理念を継承しようとする立場に立てば，アーベル゠クロネッカーの定理は代数方程式論全体の中で巡回方程式というものの占める特別の位置をわれわれに教えている．

　細部の形状に多少の差異は認められるが，表示式 (IV) はアーベルの遺稿「方程式の代数的解法について」にもすでに現れている．アーベルはその表示式をクロネッカーに先立ってすでに手中にしているのであるから，詳細な証明は欠如しているにもかかわらず，アーベル自身もクロネッカーと同じ段階に到達していたとみてよいであろう．そこで本稿では，アーベルとクロネッカーの名を併記して「アーベル゠クロネッカーの定理」という呼称を提案することにしたのである．

　アーベル゠クロネッカーの定理の表明に続き，クロネッカーは方程式の代数的可解条件に触れて，

> 任意の可解方程式の諸根のこのような関係こそ，アーベルとガロアによって素次数可解方程式の根の特色として報告された性質，すなわち，「どの根も他の 2 根の有理関数でなければならない」という性質の真実の泉 (die wahre Quelle) である．(同上，369 頁)

という，強い印象の伴う一文を書き留めた．代数的可解方程式の根の一般的表示式を見つけようとするアーベルの立場を回想すれば，ガロア理論とはまったく別の道を通ってガロアの定理が得られたことになる．ガロアの定理は「アーベルとガロアによって報告された性質」として語られている．それゆえ，クロネッカーはアーベルもまた事実上これを承知していたと見ているのである．

アーベル方程式は変遷する

　アーベル方程式の構成問題へと歩を進める前に，ここでアーベル方程式という言葉の意味を吟味しておきたいと思う．ここまでのところで目にしたように，クロネッカーは1853年の時点ではこの言葉を巡回方程式を意味するものとして用いていた．他方，今日の語法では，アーベル方程式の一語の指し示しているものは「そのガロア群がアーベル群であるような方程式」にほかならない．この意味でのアーベル方程式の創案者はカミーユ・ジョルダンである．ジョルダンは著作『置換および代数方程式概論（Traité des substitutions et des équations algébriques）』（1870年），第402章において次のように述べている．

> そうしてわれわれは，その「ガロア」群が唯一の巡回置換の冪から作られているような方程式へと導かれていく．クロネッカー氏はこのような方程式を**アーベル方程式**と呼ぶことを提案した．しかし私には，この名称はもっと一般的なクラスの方程式にまで広げておくのが適切であるように思われる．それはやはりアーベルによって考察されたものであり，しかも同じ原理に基づいて取り扱われるのである．そこでわれわれは，その「ガロア」群が相互に交換可能な置換だけしか含まないような方程式をすべて，**アーベル方程式**と呼ぶことにしたいと思う．（同書，287頁）

1877年，クロネッカーは論文

　「アーベル方程式について」（1877年）

においてジョルダンの提案を受け入れることを表明した．

> 方程式 $\mathfrak{F}=0$ は…すでにジョルダン氏によって実行されているように，1853 年の月報（註．『プロイセン王立科学アカデミー』の月報），368 頁における私の論文（註．「代数的に解ける方程式について (I)」におけるものよりも広い意味においてアーベル方程式と呼ぶのが至当である．私の論文に登場する方程式については，ここではそれを**単純アーベル方程式**と呼ぶことにしたいと思う．（同上，846 頁）

クロネッカーはジョルダンのように方程式のガロア群を考えているわけではないから，この言葉のはじめに言われている「方程式 $\mathfrak{F}=0$」は，厳密に見ればジョルダンのアーベル方程式と同じものではない．クロネッカーの念頭にあるアーベル方程式はアーベルの論文「ある種の代数的可解方程式の族について」における「ある種の代数的可解方程式」そのものを指し示す概念であり，クロネッカー自身の言葉では，

> 第 2 に，$\mathfrak{R}, \mathfrak{R}', \mathfrak{R}'', \cdots$ の有理関数を係数にもつ方程式 $F(x) = 0$ がアーベル方程式であるというのは，そのすべての根が，それらのひとつと量 $\mathfrak{R}, \mathfrak{R}', \mathfrak{R}'', \cdots$ との有理関数であり，しかもそれらの関数のうちのどの二つ $\theta_\alpha, \theta_\beta$ についても，
>
> $$\theta_\alpha \theta_\beta(\xi) = \theta_\beta \theta_\alpha(\xi)$$
>
> という関係の成立が認められることをいう．（同上，846 頁）

というふうに規定される．既約方程式を対象とする場合には，ジョルダンとクロネッカーによる二種類のアーベル方程式の概

念は一致するが，一般には前者は後者を包摂する．

　1853年の論文「代数的に解ける方程式について（I）」の時点に比して，アーベル方程式の概念はこうして新たな広がりを獲得した．すなわち，クロネッカーはアーベルのいう「ある種の代数的可解方程式」に対してここに正しくアーベル方程式の名を与え，巡回方程式（クロネッカー以前にこのような用語が存在していたわけではないが）のほうは，アーベル方程式との関連において単に「単純アーベル方程式」と呼ぶことになったのである．ただし，1877年の時点で受け入れた新たなアーベル方程式の概念に該当する方程式にクロネッカーが出会ったのはずっと早く，1857年の論文「虚数乗法が生起する楕円関数について」において，特異モジュラー方程式（215頁参照）がそのような方程式であることが観察されている．

　用語法は数年の後にもう一度変遷する．1882年の論文

　　「アーベル方程式の合成」（1882年）

の中で，クロネッカーは次のような注意事項を書き留めた．

　　私はすでに1853年の月報で公表された論文においてアーベル方程式という呼称を導入したが，これは1877年12月の月報（註．「アーベル方程式について」）では単純アーベル方程式」と呼ばれて，多重アーベル方程式と区別されていた．だが，すでにその場所で言及がなされたアーベル方程式の合成（註．ガウスが『アリトメチカ研究』第5章（註．「2次形式と2次不定方程式」）において導入した2次形式の合成の概念を範例として，クロネッカーはアーベル方程式の合成の概念を提起した）の場合について示されるように，特別の取り扱いが必要とされるのは単純

アーベル方程式のみである．なぜなら，多重アーベル方程式は単純アーベル方程式に帰着されるからである．それゆえ，私がこれまでのあらゆる論文においてそうしてきたように，単純アーベル方程式のことを端的に「アーベル方程式」と呼び，多重アーベル方程式については，「多重」という形容詞を附してその特徴を明示するのがよいのではないかと思われる．（同上，1062頁）

「アーベル方程式」の概念を適切に把握しようと試みて，クロネッカーの用語法は長い年月にわたってさまざまに変遷した．1853年の「アーベル方程式」は今日の巡回方程式である．1877年の「アーベル方程式」はアーベルが導入したもので，表現様式は異なるが，今日のアーベル方程式と合致する．これを受けて，従来のアーベル方程式は「単純アーベル方程式」になった．1882年の「アーベル方程式の合成」は1877年の単純アーベル方程式であるとともに，1853年のアーベル方程式である．すなわち，今日の巡回方程式である．クロネッカーの用語法は出発点にもどったのである．単純ではないアーベル方程式は「多重アーベル方程式」と呼ばれることになった．これは1877年のアーベル方程式であり，同時に今日のアーベル方程式である．

今日の「アーベル方程式」にはジョルダンの提案がそのまま継承されていて，「アーベル方程式」の一語をめぐるクロネッカーの苦心の痕跡はもうどこにも見られない．だが，クロネッカーの数論の解明に心を寄せようとする立場を維持するのであれば，「（有理数域上のアーベル方程式の構成に関する）クロネッカーの定理」や「クロネッカーの青春の夢」の言明に現れる「アーベル方程式」の一語の意味を正しく把握する必要があ

る．クロネッカーの用語法の変遷の意味合いは重く，慎重に追随していかなければならないのである．

アーベル方程式の構成問題

1853 年の論文「代数的に解ける方程式について（I）」に立ち返りたいと思う．素次数既約方程式を対象とする場合，「代数的可解方程式の根の一般的な表示式の探索」という問題は完全な形でひとつの解決を見て，その解決の仕方それ自体から，代数的可解性を判定するための 2 通りの基準が取り出された．これに伴ってガロアの定理の「真実の泉」もまた見出されたが，このめざましい光景を目の当たりにしてもなおクロネッカーには不満が残されたようである．なぜなら，クロネッカーの見るところによれば，「これらの判定基準は可解方程式**それ自体**の本性に関しては，実際にはごくわずかな光さえも与えなかった」からである．

クロネッカーはさらに言葉を重ねている．

> 実際のところ，（アーベルが「クレルレの数学誌」第 4 巻で取り扱ったもの（註．アーベルの論文「ある種の代数的可解方程式の族について」）と，2 項方程式に関するもの（註．クロネッカーの念頭にあるのは円周等分方程式である）とを除いて，与えられた可解条件を満たす方程式というのははたして存在するのかどうかということは，まったく知ることができなかったのである．そのうえ，そのような方程式を作ることもほとんどできなかったし，他の数学上の研究を通じても，いかなる場所でもそのような方程式に導かれたことはなかった．これに加うるに，アーベルと

ガロアによって与えられた，上述の非常に一般的に知られている可解方程式の二つの性質，特に2通りの判定基準のうちの一方について私が後ほど示すように，可解方程式の真の性質を明るみに出すというよりも，むしろ覆い隠す役割を果たすといってもよいようなものであった．そうして**可解方程式それ自体（die auflösbaren Gleichungen selbst）**は，ある種の暗闇の中にとどまっていた．この闇は，整係数5次方程式の根に関する，ほとんど注意を払われることのなかったように思われる非常に特殊なアーベルの覚書により，ごくわずかな部分が明らかにされたにすぎない．そうして，**すべての可解方程式を見つけること（alle auflösbaren Gleichungen zu finden）**という問題の解決を通じてはじめて，完全に吹き払うことができたのである．（『プロイセン報告』，1853年，365頁）

「すべての可解方程式を見つけること」という，アーベルの代数方程式論の到達地点がクロネッカーに継承されている様子が目に鮮やかである．「アーベルの覚書」というのは，アーベルがベルリンを経てパリに向かう途次，フライベルクでクレルレに宛てた手紙の断片である．日付は1826年3月14日付．アーベルは**有理数を係数にもつ**5次の可解方程式の根の形状を探索し，次のような表示式を得たというのである．

$$x = c + A \cdot a^{\frac{1}{5}} \cdot a_1^{\frac{2}{5}} \cdot a_2^{\frac{4}{5}} \cdot a_3^{\frac{3}{5}} + A_1 \cdot a_1^{\frac{1}{5}} \cdot a_2^{\frac{2}{5}} \cdot a_3^{\frac{4}{5}} \cdot a^{\frac{3}{5}}$$
$$+ A_2 \cdot a_2^{\frac{1}{5}} \cdot a_3^{\frac{2}{5}} \cdot a^{\frac{4}{5}} \cdot a_1^{\frac{3}{5}} + A_3 \cdot a_3^{\frac{1}{5}} \cdot a^{\frac{2}{5}} \cdot a_1^{\frac{4}{5}} \cdot a_2^{\frac{3}{5}}$$

ここで，

$$a = m + n\sqrt{1+e^2} + \sqrt{h\left(1+e^2+\sqrt{1+e^2}\right)}$$

$$a_1 = m - n\sqrt{1+e^2} + \sqrt{h\left(1+e^2 - \sqrt{1+e^2}\right)}$$
$$a_2 = m + n\sqrt{1+e^2} - \sqrt{h\left(1+e^2 + \sqrt{1+e^2}\right)}$$
$$a_3 = m - n\sqrt{1+e^2} - \sqrt{h\left(1+e^2 - \sqrt{1+e^2}\right)}$$
$$A = K + K'a + K''a_2 + K'''aa_2, A_1 = K + K'a_1 + K''a_3 + K'''a_1a_3,$$
$$A_2 = K + K'a_2 + K''a + K'''aa_2, A_3 = K + K'a_3 + K''a_1 + K'''a_1a_3$$

(『クレルレの数学誌』,第 5 巻,1830 年,336 頁)

量 $c, h, e, m, n, K, K', K'', K'''$ は有理数である.可解方程式の係数域を有理数域に限定するというアイデアが,特異な光を放っている.

アーベルとガロアによってもたらされた可解性の判定基準は,可解方程式の真の性質を明るみに出すというよりも,むしろ覆い隠す働きを示すのであり,可解方程式それ自体は依然として暗闇に閉ざされている.クロネッカーはそのように語っている.全体にただならない気配が感知され,印象はいかにも神秘的である.鍵を握るのは「可解方程式の真の性質」「可解方程式それ自体」という言葉だが,アーベルの覚書の中にかすかな曙光が見えるというのがクロネッカーの所見である.次に挙げるクロネッカーの言葉には,クロネッカー自身による解明の指針が語られている.

> 可解方程式それ自体は,「すべての可解方程式を見つけること」という問題の解決を通じてのみ,完全に解明することができる.実際,そのとき,無限に多くの新たな可解方程式が手に入るばかりでなく,存在する可能性のあるあらゆる可解方程式がいわば**眼前に**(**vor Augen**)得られるこ

> 336 28. *Mathematische Bruchstücke aus Hrn. Abel's Briefen.*
>
> ## 28.
> ## Mathematische Bruchstücke aus Herrn N. H. Abel's Briefen*).
>
> ### I.
>
> Wenn eine Gleichung des fünften Grades, deren Coëfficienten rationale Zahlen sind, algebraisch auflösbar ist, so kann man den Wurzeln folgende Gestalt geben:
>
> $x = c + A a^{\frac{1}{5}} a_1^{\frac{2}{5}} a_2^{\frac{3}{5}} a_3^{\frac{4}{5}} + A_1 a_1^{\frac{1}{5}} a_2^{\frac{2}{5}} a_3^{\frac{3}{5}} a^{\frac{4}{5}} + A_2 a_2^{\frac{1}{5}} a_3^{\frac{2}{5}} a^{\frac{3}{5}} a_1^{\frac{4}{5}} + A_3 a_3^{\frac{1}{5}} a^{\frac{2}{5}} a_1^{\frac{3}{5}} a_2^{\frac{4}{5}},$
>
> wo
> $a = m + n\sqrt{(1+e^2)} + \sqrt{[h(1+e^2+\sqrt{(1+e^2)})]},$
> $a_1 = m - n\sqrt{(1+e^2)} + \sqrt{[h(1+e^2-\sqrt{(1+e^2)})]},$
> $a_2 = m + n\sqrt{(1+e^2)} - \sqrt{[h(1+e^2+\sqrt{(1+e^2)})]},$
> $a_3 = m - n\sqrt{(1+e^2)} - \sqrt{[h(1+e^2-\sqrt{(1+e^2)})]},$
>
> $A = K + K'a + K''a^2 + K'''a a_2,\ \ A_1 = K + K'a_1 + K''a_1^2 + K'''a_1 a_3,$
> $A_2 = K + K'a_2 + K''a_2^2 + K'''a a_2,\ \ A_3 = K + K'a_3 + K''a_3^2 + K'''a_1 a_3.$
>
> Die Größen c, b, e, m, n, K, K', K'', K''' sind rationale Zahlen.
>
> Auf diese Weise läßt sich aber die Gleichung $x^5 + ax + b = 0$ nicht auflösen, so lange a und b beliebige Größen sind.
>
> Ich habe ähnliche Lehrsätze für Gleichungen vom 7ten, 11ten, 13ten etc. Grade.
>
> Freyberg (im Erzgebirge), den 14. März 1826.
>
> ### II.
>
> Eine allgemeine Eigenschaft derjenigen Functionen, deren Differenzial algebraisch ist, besteht darin, daß die Summe einer beliebigen Anzahl Functionen durch einn bestimmte Anzahl der nemlichen Functionen ausgedrückt werden kann. Nemlich:
>
> $\Phi(x_1) + \Phi(x_2) + \Phi(x_3) + \ldots + \Phi(x_\mu) = v - \{\Phi(z_1) + \Phi(z_2) + \Phi(z_3) + \ldots + \Phi(z_n)\}.$
>
> $x_1, x_2, \ldots, x_\mu$ sind beliebige Größen, $z_1, z_2, \ldots, z_n$ algebraische Functionen dieser Größen und v ist eine algebraisch-logarith-
>
> *) Der Herausgeber glaubt, daß auch diese Bruchstücke aus den Arbeiten des leider der Wissenschaft viel zu früh durch den Tod entrissenen Hrn. Abel nicht verloren gehen dürfen.

アーベルの書簡より.『クレルレの数学誌』, 第 5 巻, 1830 年, 336–343 頁の第 1 頁. アーベルの数通の書簡から数学に関する部分を抜粋した.

とになる.そうして具体的に書き表された根の形状のおかげで,可解方程式のすべての性質を発見して提示することができるようになるのである.(『プロイセン報告』,1853 年,365–366 頁)

このようなクロネッカーの言葉とアーベルの覚書を合わせると,クロネッカーのいう「可解方程式それ自体の解明」ということの実体が見えてくるような思いがする.方程式の代数的可解条件を書き並べるだけではまだ可解方程式そのものを知ったことにはならない.なぜなら,たとえ何らかの可解条件が指定されたとしても,その条件を満たす方程式が実際に存在するか

否かは不明である．また，その条件を満たす方程式をことごとくみな見つけることができるか否かも不明である．あるいはまた，ある可解方程式が見つかったとして，その方程式そのものの性質はどのようにして知りうるのであろうか．

このようなさまざまな問いに対して一挙に応える方途がある．それは，可解方程式の根の表示式を求めることである．なぜなら，根の形状が具体的に表示されたなら，そのとき可解方程式のあらゆる性質が一望のもとに見渡されるからである．しかもアーベル=クロネッカーの定理によれば，アーベル方程式の根の表示式を求めれば十分である．こうして**アーベル方程式の構成問題**が大きく浮かび上がり，ここを起点として，真にクロネッカーに固有の歩みが踏み出されていくのである．

アーベルの覚書にならって，アーベル方程式の構成問題の具体的な姿形は係数域の設定の仕方に応じてさまざまに分れていく．係数域を有理数域に限定するとき，1853年の論文の時点では，

> どのような整係数アーベル方程式の根も1の冪根の有理関数として表される．（同上，373頁）

という形の命題が提示され，整係数アーベル方程式とは本質的に円周等分方程式にほかならないと主張された．ここで語られている「アーベル方程式」の一語は巡回方程式を意味している．

24年後の1877年の論文「アーベル方程式について」に移ると，同じ命題が

> 整係数を有するアーベル方程式の根はすべて，1の冪根の有理関数である．また，1の冪根の有理関数はすべて整係数アーベル方程式の根である．（『プロイセン報告』，849頁）

というふうに再提示されたが,今度は「アーベル方程式」という言葉の意味は拡大されている.これが**クロネッカーの定理**である.「この定理は代数的数の理論への価値のある洞察を与えていると私には思われる」と,クロネッカーの言葉が続く.この定理には「代数的数の自然な分類に関する最初の一歩」が含まれているからというのが,この判断の基準としてクロネッカーが挙げた理由である.クロネッカーは代数的整数論の構築を志していたのである.

1853年の論文には,

> その係数が $a+b\sqrt{-1}$ という形の複素整数のみを含むようなアーベル方程式の根と,レムニスケートの等分の際に現れる方程式の根との間にも,類似の関係が存在する.(『プロイセン報告』,1853年,373頁)

という,「クロネッカーの青春の夢」の一区域を作る主張もすでに姿を現している.ここでは係数域としてガウス整数域が考えられている.また,「アーベル方程式」の指し示すものはもとより巡回方程式である.この主張に続いて,

> 上記の結果をさらに,定まった代数的非有理数を含む係数をもつすべてのアーベル方程式に一般化することができる.(同上)

という言葉も見られるが,論文「アーベル方程式について」にいたると,一般に虚2次数域を係数域とする場合への言及が行われる.すなわち,虚数乗法をもつ楕円関数を主題とする1857年の論文「虚数乗法が生起する楕円関数について」を継承して,**虚2次数域上の(拡大された意味での)アーベル方程**

式は，特異モジュラー方程式のような楕円関数論に由来する方程式で汲み尽くされるという主張がなされたのである．クロネッカーの言葉をそのまま引くと次のとおりである．

> 私はすでに 1857 年の月報，455 頁以下（註．『プロイセン王立科学アカデミー』の月報，455–460 頁に掲載された論文「虚数乗法が生起する楕円関数について」（クロネッカー））において，楕円関数の特異モジュール，もしくは，特異モジュールをもち，しかもその変数は周期に対して有理比を有するという性質をもつ楕円関数それ自身を根とする方程式の性質を説明した．上に詳述した事柄によれば，これらの方程式を手短にアーベル方程式——その係数は整数の平方根以外にはいかなる非有理量も含まない——と呼んでさしつかえない．そうしてそのような方程式の全体は，楕円関数の理論に由来する方程式で汲み尽くされると予想しなければならない．（『プロイセン報告』，1877 年，850–851 頁）

この主張は 1880 年 3 月 15 日付のデデキント宛書簡でも，「有理数の平方根を伴うアーベル方程式は特異モジュールをもつ楕円関数の変換方程式により汲み尽くされる」（『プロイセン議事報告』，1895 年，115 頁）という形で繰り返された．これが「クロネッカーの青春の夢」である．

「クロネッカーの青春の夢」におけるアーベル方程式とは

「クロネッカーの青春の夢」で語られたアーベル方程式は巡回方程式であろうか．既述のように，クロネッカーによる「アーベル方程式」の一語の用法はいくぶん複雑に変遷した．

では，1880年にデデキントに宛てて青春の夢を語ったとき，クロネッカーはアーベル方程式の一語にどのような意味を託していたのであろうか．

アーベルは1829年の論文「ある種の代数的可解方程式の族について」でガウスの円周等分方程式に示唆を得て今日の巡回方程式の概念を提示したが，特定の呼称を与えることはなかった．巡回方程式の延長線上に，もうひとつの種類の代数的可解方程式を報告したが，それにも名前がなかった．そこでクロネッカーは巡回方程式に対してアーベル方程式という呼称を提案した．もうひとつの代数的可解方程式，すなわち後年のアーベル方程式，もしくは多重アーベル方程式には当初は特別の名前を与えなかったが，早々にアーベル=クロネッカーの定理に到達したクロネッカーにとって，多重アーベル方程式は単純アーベル方程式の仲間のように見えて，当初は両者を区別する必要が認められなかったのであろう．それでも多重アーベル方程式が無意味であるわけではなく，1857年の論文「虚数乗法が生起する楕円関数について」では特異モジュラー方程式は多重アーベル方程式であることが正しく認識されている．アーベル自身，公表はされなかったが，特異モジュラー方程式の代数的可解性を示そうとする試みの中から，クロネッカーのいう多重アーベル方程式の概念を得たのである．

若い日のクロネッカーが青春の夢を心に抱いたころの真意を忖度すると，おそらく単純アーベル方程式と多重アーベル方程式をひとまとめにしてアーベル方程式が考えられていたのではないかと思う．虚2次数域上のアーベル方程式の全体が「単純アーベル方程式で汲み尽くされる」と言っても，「単純および多重アーベル方程式で汲み尽くされる」と言っても，クロネッ

カーにとっては同じことになりそうであり，それが青春の夢の中味だったのであろう．多重アーベル方程式を単にアーベル方程式と呼ぶという語法を採用するなら，デデキント宛の手紙でそうしたように，「アーベル方程式で汲み尽くされる」という言い方もまた可能になりそうである．

　「青春の夢」の表明という出来事が生起する背景には，単なる代数方程式論を越えて数論との連繋を目指そうとする世界——クロネッカーの数論的世界——が広々と広がっている．その生成発展を続ける世界の中核に位置を占めるのはつねにアーベル方程式の概念である．

3 ——クロネッカーの数論における代数方程式論の位置

アーベルの影響をめぐって

　今日の代数方程式論の歴史叙述は一般にガロア理論形成史とほぼ同等であり，ガウスやアーベルの諸理論はこの理論へといたる道程の途上に，さながら一里塚のような位置を与えられるのが通常の姿である．数学という学問を純粋に論理的な視点から観照する立場に立つならば，言い換えると，数学史を今日の諸理論の形成過程と見る立場に立つならば，ラグランジュからガロアへといたる代数方程式論の流れは今日のガロア理論への道そのものであるかのようにわれわれの目に映じるであろう．だが，それとは別に，知的もしくは論理的視点から萌芽の生い立ちを見る視点へと移行して，数学の形成を基本動機の芽生えと成長の歴史と見る見方もまた可能である．代数方程式論の場合，本書ではこの理論の契機をガウスの円周等分方程式論の中に見出だして，その展開史を叙述した．ガウス，アーベル，

ガロア，それにクロネッカーという，わずかに4人の人物しか登場しない小さな物語だが，これはガロア理論形成史とはまったく異なるもうひとつの歴史である．「形成史」というよりもむしろ「生成史」と呼ぶのが相応しいであろう．

ガウスやアーベルがガロア理論形成史のひとこまとして語られるのとは裏腹に，今度はガロア理論はガウスが表明した基本動機の展開過程の中に自然に位置づけられていく．ガロア理論というものの真実の価値は，そのようにしてはじめて明らかにされるが，他方，ガロア理論形成史の立場に立つと，ガロア理論それ自体の意味や意義を問う視点は定まらない．

ガロアの定理の表現様式や，モジュラー方程式への応用の中に見て取れるように，ガロアに対するアーベルの影響はきわめて濃いが，ガロア理論それ自体はガウスの世界と直接連繋する．他方，クロネッカーに及ぼされたアーベルの影響は決定的であり，アーベルなくしてクロネッカーはありえなかったであろう．クロネッカーの代数方程式論はアーベルの基本理念の継承という，真に創造的な場において生い立っていく．この歴史的な光景の成立の時期こそ，1845年から1853年にかけてのあの空白の8年間だったのである．

クロネッカーの数論の構造

最後に，クロネッカーの数論的世界の中で代数方程式論が占めるべき位置を問う問いが残されている．この問いに答えることがわれわれの考察の目標であり，本章の真実の主題である．

クロネッカーの世界は

代数方程式論
　　代数的整数論
　　楕円関数論

という三つの理論を主柱として構成されているが，どの理論においてもかけがえのない先行者に恵まれている．代数方程式におけるアーベルの影響については既述のとおりである．代数的整数論には，土台となるクンマーの理論に加えて，ディリクレの影響もまた色濃く認められる．そうして楕円関数論の領域では，ヤコビの手で整備された理論的枠組みの中で，アーベルが提起した諸問題が究明されている．これらの3本の柱はひとつに融け合って，きわめて一般的な意味合いにおける虚数乗法論を志向しているように思われる（第5章「クロネッカーの数論の解明」参照）．その強靭な志向性の根底にあって，世界生成の基本契機として働いているある理念的なもの．それは「クロネッカーの定理」や「クロネッカーの青春の夢」の特異な表現様式の中に，明確な形をもって顕れている．

　「クロネッカーの定理」や「クロネッカーの青春の夢」は，ガウスに始まる新しい代数方程式論の流れの到達点であると同時に，虚数乗法論の出発点である．クロネッカーの手にアーベルの基本理念が手渡されたとき，それはそれ自体が新たな契機へと転化して，クロネッカーの数論的世界の生成点を形成した．それが，クロネッカーの数論において代数方程式論が果たしている最も本質的な役割である．

　家庭の事情と病苦による障碍に悩まされたあの空白の8年は，大きな数学的創造に不可避的に伴う，明るい輝きに包まれた揺籃時代だったのである．

晩年の諸論文

 50代も後半に入ったころ,クロネッカーはアーベル方程式の構成問題の解決への志向を示す諸論文を矢継ぎ早に公表していった.既述のように,1877年の論文「アーベル方程式について」ではアーベル方程式という言葉の適用範囲が拡大され,その結果,「クロネッカーの定理」と「クロネッカーの青春の夢」の姿形が最終的に確定した.1881年の長篇「代数的量のアリトメチカ的理論の概要」を概観すると,独自の代数的整数論を建設することにより,「クロネッカーの定理」や「青春の夢」の広範な基盤を定めようと腐心する様子がありありと感知される.1882年の論文「アーベル方程式の合成」を見れば,アーベル方程式の合成の概念を土台に据えることにより,3次と4次の方程式を対象とする場合において,クロネッカーの定理の内容が具体的に書き表されている.

 下記の3論文

「方程式の既約性について」(1880年)
「ある種の複素数の冪剰余について」(1880年)
「域 ($\sqrt{-31}$) の3次アーベル方程式」(1882年)

からは,虚2次数域 ($\sqrt{-31}$) を手掛かりとして「青春の夢」に接近しようとする試みが読み取れる.そうして最晩年の連作「楕円関数の理論 I–XXII」は,「青春の夢」の解決をめざして書き継がれた未完成の大交響曲である.「青春の夢」はクロネッカーの心の中で生涯にわたって育まれ,尽きない泉となってクロネッカーの数論的世界を広々と紡ぎ出したのである.

おわりに

　本書の後半ではガウスの数論から説き起こし，アーベルからクロネッカーへと移り行く情景の描写まで書き進めたが，なお広大な領域が語られないままに残されている．最大の課題はクロネッカーの数論の解明である．アーベル方程式の構成問題の探究を深めていく中で，特異モジュールのような代数的な量を包み込む一般的な枠組の建設がおのずと要請される．デデキントが提案した代数的整数論がそれに該当するが，クロネッカーは長篇「代数的量のアリトメチカ的理論の概要」において，デデキントとは異なる独自の理論を提案した．この難解な論文を読み解き，クロネッカーが提案した枠組の中で特異モジュールが果たす役割を明らかにしたいと思う．

　ヤコビ，ディリクレ，アイゼンシュタイン，クンマーと続く高次冪剰余の理論の展開の観察と，ヒルベルトが提案し，高木貞治が建設した類体論の形成過程の観察も大きく残されている．あれこれの事柄のすべてが本書の続刊のテーマである．

参考文献

中村幸四郎『近世数学の歴史　微積分の形成をめぐって』(日本評論社, 1980 年)
中村幸四郎『数学史　形成の立場から』(共立全書, 共立出版, 1981 年)
『ガウス整数論』(ガウスの著作『アリトメチカ研究』の邦訳書. 高瀬正仁訳, 朝倉書店, 1995 年)
高木貞治『復刻版　近世数学史談・数学雑談』(共立出版, 1996 年)
『アーベル／ガロア　楕円関数論』(高瀬正仁訳, 朝倉書店, 1998 年)
『ユークリッド原論』(訳・解説：中村幸四郎・寺阪英孝・伊藤俊太郎・池田美恵, 縮刷版, 共立出版, 1996 年. 追補版, 2011 年)
ルジャンドル『数の理論』(ルジャンドルの著作『数の理論のエッセイ』, 第 3 版『数の理論』(全 2 巻)の第 1 巻の邦訳書. 高瀬正仁訳, 海鳴社, 2007 年)
高瀬正仁『無限解析のはじまり　わたしのオイラー』(ちくま学芸文庫Ｍ＆Ｓ, 筑摩書房, 2009 年)
高瀬正仁『ガウスの数論　わたしのガウス』(ちくま学芸文庫Ｍ＆Ｓ, 筑摩書房, 2011 年)
『ガウス数論論文集』(ちくま学芸文庫Ｍ＆Ｓ, 高瀬正仁訳, 筑摩書房, 2012 年)
『ガウスの《数学日記》』(高瀬正仁訳・解説, 日本評論社. 2013 年)
　高瀬正仁『大数学者の数学 11　アーベル(前編)　不可能の証明へ』(現代数学社, 2014 年)
高瀬正仁『大数学者の数学 16　アーベル(後編)　楕円関数論への道』(現代数学社, 2016 年)
高瀬正仁『数学史のすすめ　原典味読の愉しみ』(日本評論社, 2017 年)
高瀬正仁『大数学者の数学 17　フェルマ　数と曲線の真理を求めて』(現代数学社, 2019 年)

【フェルマ】
サミュエル・ド・フェルマ編『フェルマ著作集 (Varia opera mathematica)』, 1679 年.
『フェルマ著作集 (OEuvres de Fermat)』タヌリ (P. Tannery), ヘンリー (C. Henry) 編, 全 4 巻, 1891-1912 年. 第 1–4 巻への補足 (1922 年) が刊行された. これを含めるとフェルマの著作集は全 5 巻になる.

【オイラー】
[E26]「フェルマの定理とそのほかの注目すべき諸定理に関するさまざまな観察」.『ペテルブルク紀要』, 第 6 巻 (1732/3 年. 1738 年刊行), 103–107 頁.
[E29]「ディオファントス問題の整数による解法について」.『ペテルブルク紀要』, 第 6 巻, 1732/3 年. 1738 年刊行), 175–188 頁.
[E54]「素数に関する 2, 3 の注目すべき定理の証明」.『ペテルブルク紀要』,

第 8 巻（1736 年．1741 年刊行），141–146 頁．

[E29]「ディオファントス問題の整数による解法について」

[E134]「数の約数に関する諸定理」．『ペテルブルク新紀要』，第 1 巻（1747/8 年．1750 年刊行），141–146 頁．

[E164]「$paa \pm qbb$ という形状に含まれる数の約数に関する諸定理」．『ペテルブルク紀要，第 14 巻（1744/6 年．1751 年刊行），151–181 頁．

[E228]「二つの平方数の和になる数について」．『ペテルブルク新紀要』，第 4 巻（1752/53 年．1758 年刊行），3–40 頁．

[E241]「$4n+1$ という形のあらゆる素数は二つの平方数の和になるというフェルマの定理の証明」．『ペテルブルク新紀要』，第 5 巻（1754/5 年．1760 年刊行），3–13 頁．

[E242]「あらゆる数は，それが整数であっても分数であっても，4 個もしくは 4 個以下の平方数の和になるというフェルマの定理の証明」．『ペテルブルク新紀要』，第 5 巻（1754/5 年．1760 年刊行），13–58 頁．

[E256]「純粋数学における観察の有益さの模範例」．『ペテルブルク新紀要』，第 6 巻（1756/7 年．1761 年刊行），185–230 頁．

[E272]「多くの証明において前提とされているアリトメチカの 2, 3 の定理の補足」．『ペテルブルク新紀要』，第 8 巻（1760/1 年．1763 年刊行），105–128 頁．

[E279]「2 次不定式の整数による解法について」．『ペテルブルク新紀要』，第 9 巻（1762/3 年．1764 年刊行），3–39 頁．

[E283]「非常に大きな素数について」．『ペテルブルク新紀要』，第 9 巻（1762/3 年．1764 年刊行），99–153 頁．

[E323]「ペルの問題を解決する新しいアルゴリズムの利用について」．『ペテルブルク新紀要』，第 11 巻（1765 年．1767 年刊行），29–66 頁．

[E369]「非常に大きな数が素数か否かは，どんなふうにして探知するべきなのであろうか」．『ペテルブルク新紀要』，第 13 巻（1768 年．1769 年刊行），67–88 頁．

[E387][E388]『代数学完全入門（Vollstandige Anleitung zur Algebra）』．全 2 巻，1770 年．

[E445]「数の平方数への分解に関する新しい証明」．『新学術論叢』（1773 年）．『ペテルブルク報告』，第 1 巻（1777 年 I-II．1780 年刊行），48–69 頁．

[E461]「オイラー氏のベルヌーイ氏宛書簡の抜粋」．『ベルリン新紀要』，第 3 巻（1772 年．1774 年刊行），イストワール（Histoire），35–36 頁．

[E467]「100 万まで，おおよそ 100 万を超える地点まで続く素数表．あらゆる非素数の最小の約数を併記する」．『ペテルブルク新紀要』，第 19 巻（1774 年．1775 年刊行），132–183 頁．

[E498]「1778 年 5 月のオイラー氏のベゲリン氏宛書簡の抜粋」（1779 年）

[E559]「式 $axx + 1 = yy$ の解法のための新しい手法」．『解析学論文集（Opuscula Analytica）』．第 1 巻，1783 年，329–344 頁．

[E699]「数 1000009 が素数か否か吟味される」(1797 年)
[E708]「吟味されるべき素数に適合する $mxx + nyy$ という形の式およびそれらの式の驚くべき諸性質について」.『ペテルブルク新報告』, 第 12 巻 (1794 年. 1801 年刊行), 22–46 頁.
[E715]「非常に大きな数が素数か否かを調べるためのさまざまな方法について」.『ペテルブルク新報告』, 第 13 巻 (1795/6 年. 1802 年刊行), 14–44 頁.
[E718]「きわめて多くの非常に大きい素数を見つけるための最も容易な方法」.『ペテルブルク新報告』, 第 14 巻 (1797/8 年. 1805 年刊行), 3–10 頁.
[E719]「十分に大きな任意の数が素数か否かを吟味するためのいっそう一般的な方法」『ペテルブルク新報告』, 第 14 巻 (1797/8 年. 1805 年刊行), 11–51 頁.
[E725]「適合数もしくは合同数の系列に関するあるパラドックスの解明」.『ペテルブルク新報告』, 第 15 巻 (1799/1802 年. 1806 年刊行), 29–32 頁.

【バシェのディオファントス】
『いまはじめてギリシア語とラテン語で刊行され, そのうえ完璧な注釈をもって解明されたアレクサンドリアのディオファントスのアリトメチカ 6 巻, および多角数に関する 1 巻 (Diophanti Alexandrini Arithmeticorum libri sex, et de numeris multangulis liber unus, nunc primum graece et latine editi, atque absolutissimis commentariis illustrati)』

【ウォリス】
『書簡集 (Commercium Epistolicum de Quaestionibus Quibusdam Mathematicis Nuper Habitum)』(1658 年)
『歴史的で, しかも実用的な代数学概論 (A Treatise of Algebra, Both Historical and Practical)』(1685 年)

【ラグランジュ】
「アリトメチカの一問題の解決」.『トリノ論文集』, 第 4 巻, 1766–1769 年, 数学部門, 41 頁.
「2 次不定問題の解法について」.『ベルリン紀要』, 第 23 巻, 1767 年 (1769 年刊行), 165–310 頁.
「不定問題を整数を用いて解くための新しい方法」.『ベルリン紀要』, 第 24 巻, 1768 年 (1770 年刊行), 181–250 頁.
「アリトメチカの一定理の証明」.『ベルリン新紀要』, 第 1 巻, 1770 年 (1772 年刊行), 123–133 頁.
「アリトメチカ研究」.『ベルリン新紀要』, 第 4 巻, 1773 年 (1775 年刊行), 265–312 頁 (本書では第 1 部として引用した).
「アリトメチカ研究 (続)」.『ベルリン新紀要』, 第 6 巻, 1775 年 (1777 年刊

行),323–356 頁(本書では第 2 部として引用した).
「ディオファントス解析の 2, 3 の問題について」.『ベルリン新紀要』,1777 年(1779 年刊行),140–154 頁.

【ルジャンドル】
「不定解析研究」.『パリ紀要』,1785 年(1788 年刊行),メモワール(Mémoires),465–559 頁.
『数の理論のエッセイ(Essai sur la théorie des nombres)』(1798 年)

【ガウス】
『アリトメチカ研究(Disquisitione Arithmeticae)』
「アリトメチカの一定理の新しい証明」.『ゲッチンゲン報告集』,第 16 巻,1804–1808 年(1808 年刊行),数学部門,69–74 頁.
「ある種の特異級数の和」.『ゲッチンゲン新報告集』,第 1 巻,1808–1811 年(1811 年刊行),数学部門,1–40 頁.
「平方剰余の理論における基本定理の新しい証明と拡張」.『ゲッチンゲン新報告集』,第 4 巻,1816–1818 年(1820 年刊行),数学部門,3–20 頁.
「4 次剰余の理論 第 1 論文」.『ゲッチンゲン新報告集』,第 6 巻,1823–1827 年(1828 年刊行),数学部門,27–56 頁.
「4 次剰余の理論 第 1 論文」.『ゲッチンゲン新報告集』,第 7 巻,1828–1831 年(1832 年刊行),数学部門,89–148 頁.
『ガウス=シューマッハー往復書簡集(Briefwechsel zwischen C.F. Gauss und H.C. Schumacher)』(全 6 巻).1860–1865 年.

【アーベル】
アーベルの『全著作集』は 2 度にわたって編纂された.最初の全集はホルンボエが編纂した.1839 年刊行.全 2 巻.これを旧版と呼ぶ.2 度目の全集はリーとシローが編纂した.1881 年.全 2 巻.これを新版と呼ぶ.
「代数方程式に関する論文.5 次の一般方程式の解法は不可能であることがここで証明される」.1824 年の論文.新版『アーベル全著作集』,第 1 巻,28–33 頁.
「4 次を越える一般方程式の代数的解法は不可能であることの証明」.原文はフランス語.ドイツ語訳が『クレルレの数学誌』に掲載された.同誌,第 1 巻,1826 年,66–87 頁.新旧の『アーベル全著作集』にはフランス語で書かれたもとの論文が収録された.旧版『アーベル全著作集』,第 1 巻,5–24 頁.新版『アーベル全著作集』,第 1 巻,66–87 頁.
「楕円関数研究」.2 回に分けて掲載された.前半は『クレルレの数学誌』,第 2 巻,1827 年,101–181 頁.後半は同誌,第 3 巻,1828 年,160–190 頁.
「楕円関数の変換に関するある一般的問題の解決」.『天文報知』,第 6 巻,No.138,1828 年,365–388 頁.

「ある種の代数的可解方程式の族について」．『クレルレの数学誌』，第 4 巻，1829 年，131–156 頁．

「楕円関数論概説」．『クレルレの数学誌』，第 4 巻，1829 年，236–277, 309–348 頁．

「方程式の代数的解法について」．遺稿．『アーベル全著作集』(新版)，第 2 巻，185–209 頁．

「1828 年 11 月 25 日付のルジャンドル宛書簡」．『クレルレの数学誌』，第 6 巻，1830 年，73–80 頁．「アーベルの手紙の数学に関する部分（続）」という表題を附されて掲載された．

【ヤコビ】

『楕円関数論の新しい基礎 (Fundamenta nova theoriae functionum ellipticarum)』．1829 年．

【ガロア】

「方程式の冪根による可解条件について」．『リューヴィユの数学誌』，第 11 巻，1846 年，417–433 頁．

【ウェーバー】

「レオポルト・クロネッカー」．『ドイツ数学者協会年報』，第 2 巻，1891/92 年（1893 年刊行），5–31 頁．

【カントール】

「線的点集合について」．『数学年報』，第 21 巻，1883 年，545–591 頁．

【クロネッカー】

「すべての素数 p に対し，方程式 $1+x+x^2+\cdots+x^{p-1}=0$ は既約であることの証明」．『クレルレの数学誌』，第 29 巻，280 頁．

「複素単数について」．『クレルレの数学誌』，第 93 巻，1–52 頁．

「代数的に解ける方程式について (I)」．『プロイセン報告』，1853 年，365–374 頁．

「代数的に解ける方程式について (II)」．『プロイセン議事報告』，1856 年，203–215 頁．

「虚数乗法が生起する楕円関数について」．『プロイセン月報』，1857 年，455–460 頁．

「楕円関数の虚数乗法について」．『プロイセン議事報告』，1862 年，363–372 頁．

「アーベル方程式について」．『プロイセン報告』，1877 年，845–851 頁．

「方程式の既約性について」．『プロイセン報告』，1880 年，152–162 頁．

「ある種の複素数の冪剰余について」．『プロイセン月報』，1880 年，404–407 頁．

「アーベル方程式の合成」．『プロイセン議事報告』，1882 年，1059–1064 頁．

「域 ($\sqrt{-31}$) の 3 次アーベル方程式」.『プロイセン議事報告』, 1882 年, 1151–1154 頁.
「代数的量のアリトメチカ的理論の概要」.『クレルレの数学誌』, 第 92 巻, 1882 年, 1–122 頁.
「楕円関数の理論 I–XXII」.『プロイセン議事報告』, 1883–1890 年.
「ルジャンドルの関係式」.『プロイセン議事報告』, 1891 年, 323–332, 343–358, 447–465, 905–908 頁.
「デデキント宛書簡の抜粋」.『プロイセン議事報告』, 1895 年, 115–117 頁.

【ジョルダン】
『置換および代数方程式概論 (Traité des substitutions et des équations algébriques)』(1870 年)

【ペテルブルクの帝国科学アカデミーの学術誌】
『ペテルブルク紀要』 Commentarii academiae scientiarum imperialis Petropolitanae
『ペテルブルク新紀要』 Novi Commentarii academiae scientiarum imperialis Petropolitanae
『ペテルブルク報告』 Acta Academiae Scientiarum Imperialis Petropolitanae
『ペテルブルク新報告』 Nova Acta Academiae Scientiarum Imperialis Petropolitanae

【ベルリンの王立科学文芸アカデミーの学術誌】
『ベルリン紀要』 Histoire de l'Académie Royale des Sciences et des Belles-Lettres de Berlin, Avec les Mémoires pour la même Année, tirez Registres de cette Academie
『ベルリン新紀要』 Nouveaux Mémoires de l'Académie Royale des Sciences et Belles-Lettres, Avec l'Histoire pour la même Année

【パリの科学アカデミーの学術誌】
『パリ紀要』Histoire de l'Academie Royale des Sciences. Avec les Mémoires de Mathematique et de Physique, .pour la meme Annee, tirez des Registres de cette Academie

【トリノの王立科学協会の学術誌】
『トリノ論文集』Melanges de Philosophie et de Mathematique de la Societe Royale de Turin Tomus alter （第 2 巻）, 1760–1761 年, 第 3 巻, 1762–1765 年, 1766 年刊行, 第 4 巻, 1766–1769 年, 第 5 巻, 1770–1773 年
『クレルレの数学誌』 Journal für die reine und angewandte Mathematik
『天文報知』 Astronomische Nachrichten

『リューヴィユの数学誌』 Journal de mathématiques pures et appliquées
『新学術論叢』 Nova Acta Eruditorum
『ゲッチンゲン報告集』 Commentationes Societatis Regiae Scientiarum Gottingensis
『ゲッチンゲン新報告集』 Commentationes Societatis Regiae Scientiarum Gottingensis recentiores
『ベルリン論文集』 Abhandlungen der Königlichen Akademie der Wissenschaften in Berlin
『プロイセン月報』 Monatsberichte der Königlichen Preussische Akademie des Wissenschaften zu Berlin
『プロイセン議事報告』 Sitzungsberichte der Königlich Preußischen Akademie der Wissenschaften zu Berlin
『ドイツ数学者協会年報』 Jahresbericht der Deutschen Mathematiker-Vereinigung
『数学年報』 Mathematische Annalen

索引

数字・アルファベット

3 線・4 線の軌跡問題 161, 162
4 次相互法則 179
4 次の冪剰余相互法則 179

あ

アーベル 189
アーベル=クロネッカーの定理 263
アーベル方程式 225, 243, 261, 275
アーベル方程式の構成問題 223, 231, 273
アイゼンシュタイン 232
『アリトメチカ』 2, 18
『アリトメチカ研究 (Disquisitiones Arithmeticae)』 30, 43, 163, 177, 192, 242
ヴィエト, フランソア 21, 22
ウェーバー, ハインリッヒ 201, 208
ウォリス 111
円関数 190
円周等分方程式 242
オイラー, レオンハルト 54, 65, 114, 120, 156
オイラーの基準 174
オイラーの公式 191

か

『解析技法入門 (In Artem Analyticen Isagoge)』 22
ガウス 43, 156
ガウス整数 180
ガウスの和 169
ガロア 245
完全数 16
完全数の根 72
カントール, ゲオルク 201
『近世数学史談』 194
クロネッカー, レオポルト 195, 200, 206
クロネッカーの青春の夢 275
クンマー 209, 226
『原論』 17
ゴールドバッハ, クリスチアン 121

さ

最愛の青春の夢 225
『サミュエルのディオファントス』 37
ザルトリウス 157
種の理論の基本定理 168
『書簡集』(Commercium Epistolicum de Quaestionibus Quibusdam Mathematicis Nuper Habitum) 111
ジョルダン, カミーユ 265
『数学史 形成の立場から』 26
『数学集録』 160
《数学日記》 158, 187
『数の織り成すおもしろくて楽しいいろいろな問題 (Problèmes plaisants et délectables qui se font par les nombres)』 23
『数の理論のエッセイ (Essai sur la théorie des nombres)』 14
青春の夢 (Juendtraum) 195
線型的形状 143
相互法則 211
素数 16
素数の形状に関する理論 143
素数の形状理論 148
ソフィー・ジェルマン 181

た

第 1 補充法則 166
第 2 補充法則 167
『代数学 (L'Algebra)』 27
高木貞治 194
多角数 101
単純アーベル方程式 266
『置換および代数方程式概論 (Traité des substitutions et des équations algébriques)』 265
直角三角形の基本定理 40, 61
ディオファントス 2, 18, 21
デカルト 160
適合数 77
デデキント 228, 275
特異モジュール 211, 215, 225, 233, 275
特異モジュールの類似物 236
特異モジュラー方程式 220, 275

な

中村幸四郎 26

は

バシェ, クロード=ガスパール・ド・メジリアック　21, 22
『バシェのディオファントス』　25, 37
パスカル　74
パップスの問題　161
ピタゴラスの定理　45
ヒルベルト　224
ヒルベルトの第12問題　224, 237
ファニャノ　196
フェルマ　2, 29
フェルマ数　74
フェルマ素数　162
フェルマの最終定理　36
フェルマの小定理　65, 67, 69
フェルマの大定理　36, 69, 94, 178
不可能の証明　251
二つの奇素数の間の相互法則　153, 175
「不定解析」　15
平方剰余相互法則　166, 177
平方剰余相互法則の第1補充法則　43
平方剰余の理論における基本定理　176
平方的形状　143
ペル, ジョン　114
ベルヌーイ, ダニエル　121
ペルの方程式　111
ボンベリ　27

ま

メルセンヌ　62
モジュール　213
モジュラー方程式　250

や

ヤコビ　189

ユークリッド　17

ら

ラグランジュ, ジョセフ・ルイ　44, 110, 123
「欄外ノート」　2
ルジャンドル, アドリアン=マリ　14
ルジャンドル記号　172
『歴史的で, しかも実用的な代数学概論』(A Treatise of Algebra, Both Historical and Practical)　111
レムニスケート関数　197, 232
レムニスケート曲線　187
レムニスケート積分　190, 197

高瀬正仁（たかせ・まさひと）
1951年，群馬県勢多郡東村(現，みどり市)生まれ．九州大学基幹教育院教授を経て，現在，数学者・数学史家．
著書として，『ガウスの遺産と継承者たち』(海鳴社)，『近代数学史の成立[解析篇]』(東京図書)，『発見と創造の数学史』(萬書房)，『dxとdyの解析学[増補版]』『数学史のすすめ』(日本評論社)，『微分積分学の史的形成』(講談社)，『微分積分学の誕生』(SBクリエイティブ)，『古典的名著に学ぶ微積分の基礎』『オイラーの難問に学ぶ微分方程式』(共立出版)，『無限解析のはじまり』『ガウスの数論』(筑摩書房)，『アーベル(前編)——不可能の証明』『アーベル(後編)——楕円関数論への道』(現代数学社)，『リーマンと代数関数論』(東京大学出版会)他がある．

数論のはじまり
——フェルマからガウスへ

数学の泉

発行日　2019年3月15日　第1版第1刷発行

著　者　高瀬正仁
発行所　株式会社 日本評論社
　　　　〒170-8474 東京都豊島区南大塚 3-12-4
　　　　電話 03-3987-8621[販売]　03-3987-8599[編集]
印　刷　藤原印刷
製　本　難波製本
装　幀　妹尾浩也

JCOPY〈(社)出版者著作権管理機構委託出版物〉
本書の無断複写は著作権法上での例外を除き禁じられています．複写される場合は，そのつど事前に，(社)出版者著作権管理機構(電話03-5244-5088, FAX03-5244-5089, e-mail: info@jcopy.or.jp)の許諾を得てください．また，本書を代行業者等の第三者に依頼してスキャニング等の行為によりデジタル化することは，個人の家庭内の利用であっても，一切認められておりません．

© Masahito Takase 2019 Printed in Japan
ISBN978-4-535-60363-9